COCHES
DEL FUTURO

INNOVANT PUBLISHING
SC Trade Center: Av. de Les Corts Catalanes 5-7
08174, Sant Cugat del Vallès, Barcelona, España
© 2021, INNOVANT PUBLISHING SLU
© 2021, TRIALTEA USA, L.C. d.b.a. AMERICAN BOOK GROUP

Director general: Xavier Ferreres
Director editorial: Pablo Montañez
Producción: Xavier Clos
Diseño y maquetación: Oriol Figueras
Asesoramiento técnico: Cristian Rosiña, Javier Peña,
Oriol Puig y Xavier Safont
Redacción: Osvaldo Leboso
Edición y coordinación: Agnès Bosch
Documentalista: Ludmila Sofía Leboso Sánchez
Edición gráfica: Emma Lladó, Javi Martínez
Créditos fotográficos: "Original benz patent motor car" (©DAIMLER), "Old
historic electric car" (©Shutterstock), "New Volvo V60 Cross Country D4 AWD"
(©Volvo), "Skoda Vision iV" (©Skoda), "Power socket of electric car charger"
(©Shutterstock), "EV Car or Electric car a charging station" (©Shutterstock),
"Production of ilithium batteries" (©Shutterstock), "FCX Clarity" (©Honda),
"Graphene sheet held by man" (©Shutterstock), "DeLorean car" (©Shutterstock),
"Scientist preparing nanomaterials for SEM" (©Shutterstock), "Car polish wax
worker" (©Shutterstock), "GINA light visionary model" (©BMW Group), "GINA
light visionary model front view" (©BMW Group), "Garbage in the ocean"
(©Shutterstock), "Vehicle cockpit and screen, car electronics" (©Shutterstock),
"5G Network digital hologram" (©Shutterstock), "The Freightliner Inspiration
truck" (©DAIMLER), "Mercedes-Benz vision URBANETIC" (©DAIMLER), "Power
supply for electric car charging" (©Shutterstock), "Renault ZOE" (©Renault),
"The BMW i3" (©BMW Group), "Tesla Model 3" (©Tesla Motors inc.), "Smart
city and wireless communication" (©Shutterstock), "Tesla supercharger" (©Tesla
Motors inc.), "Female human and robot handshake" (©Shutterstock), "Orange
self-driving passenger drone" (©Shutterstock), "YAMAHA T03 electric motorcycle
concept" (©Shutterstock), "Hyundai Elevate" (©Hyundai), "DeLorean Aerospace
DR-7" (©Drivemag), "Terrafugia created a vehicle that can drive and fly" (©Getty).

ISBN: 978-1-68165-871-1
Library of Congress: 2021933851

Impreso en Estados Unidos de América
Printed in the United States

ÍNDICE

INTRODUCCIÓN

La imaginación crea imágenes que nos proyectan hacia un porvenir no muy lejano en el que lo posible se entremezcla con lo mágico, lo inexplicable comienza a cobrar sentido y nuestros deseos y fantasías acechan a la vuelta del próximo invento. Algo tan cotidiano como conducir un coche dispara nuestra imaginación y nos lanza a descubrir esas tierras del mañana. ¿Cómo será nuestro automóvil dentro de cuarenta o cincuenta años? ¿Será un coche volador que evitará los atascos tomando rutas aéreas urbanas y suburbanas? ¿Podremos despreocuparnos del volante y los pedales para disfrutar de un café mientras nos desplazamos? ¿Tendremos la posibilidad de transformarlo a nuestro antojo gracias a materiales dúctiles dotados de moléculas inteligentes, con el fin de disponer de un automóvil para el desierto, otro para la ciudad, otro para la nieve…, pero que en realidad sea siempre el mismo? ¿Acabará definitivamente con los accidentes la seguridad proporcionada por la inteligencia artificial? Algunas de estas ideas giran en torno a una tecnología que ya se desarrolla en algunas universidades y de las grandes empresas automovilísticas; otras, sin embargo, ni siquiera han alcanzado la categoría de boceto, aunque quizá nos sorprendan en un futuro cercano.

Ahora bien, si los coches acaban transformándose a la velocidad vertiginosa que imaginamos, también deberá cambiar el entorno para adaptarse a ellos. Las ciudades deberán crear servicios interconectados que faciliten la comunicación directa de los automóviles con los semáforos y pasos de cebra inteligentes, o con las centrales de tráfico para tener acceso a información en tiempo real sobre circulación, meteorología, accidentes, etc. (¿big data?). Incluso es probable que se creen «calles de carga», distribuidas por pueblos y ciudades, que permitan a los coches que las recorran recargar sus baterías sin detenerse. Viviríamos entonces en un mundo menos contaminado, más seguro, más cómodo…, más cercano, en fin, a la utopía de lo que jamás hubiésemos fabulado.

DE CERO A CIEN EN MILES DE SIGLOS

Los primeros vehículos

Los medios de transporte no colectivo tardaron miles de años en abandonar la tracción animal. Hasta el gran salto: los automóviles dieron sus primeros pasos en el siglo XIX, y se desarrollaron a máxima velocidad. Tras mejorar sus motores, diseños y combustibles se transformaron en el principal vehículo de la humanidad.

DE LA TRACCIÓN ANIMAL A LOS COCHES CON ENCHUFE

Los seres humanos se desplazan desde la noche de los tiempos. Pero hace poco más de cinco mil años advirtieron que la fuerza de las piernas no bastaba para transportar objetos pesados o para realizar ciertas tareas. Así pues, se vieron en la necesidad de crear artilugios para facilitar el desplazamiento. La rueda fue el primer gran paso de la humanidad, que cobró velocidad cuando formó parte de un carro tirado por bestias de carga. Este rudimentario medio de transporte fue evolucionando poco a poco, aunque la tracción continuaba siendo animal. Hasta que durante la primera mitad del siglo XIX, cuando el incómodo y lento transporte terrestre ya se había «masificado», la imaginación dio el paso que faltaba: la automoción. Y la magia de la tecnología moderna lo cambió todo.

10

PRIMERO ELÉCTRICOS, LUEGO DE GASOLINA

Entre 1832 y 1839, el empresario escocés Robert Anderson fabricó los primeros coches de la historia: los vehículos eléctricos de batería (VEB). Un momento... ¿«Vehículos eléctricos»? ¿No era acaso el coche eléctrico la gran novedad de nuestro presente? Sin embargo, el coche eléctrico no acabó de cuajar. En medio del estallido del «siglo del transporte» (siglo XIX), tras el desarrollo de los trenes y de las embarcaciones de vapor, que revolucionaron el traslado continental e intercontinental de mercancías y pasajeros, la tecnología que finalmente se llevaría el gato al agua fue el motor de combustión interna. El automóvil eléctrico de Anderson se mantuvo comercialmente activo, pero a finales del siglo XIX apenas constituía el 28% del reducido parque automotor de Estados Unidos, Francia y Gran Bretaña. Después de la Primera Guerra Mundial, los eléctricos prácticamente desaparecen porque ya nadie invierte en su producción. Así, el motor de combustión daría lugar a una de las industrias más importantes

El coche de tres ruedas, patentado por Carl Benz en 1888, estaba impulsado por un motor de dos tiempos. Su esposa, Bertha, lo condujo ¡y recorrió 106 km!

del planeta: hoy en día circulan más de 1.500 millones de coches impulsados con carburantes.

A pesar de que distintas fuentes atribuyen la aparición de los primeros modelos de coches y a diferentes inventores (ver tabla *¡En busca del primer automóvil de la historia!*), sí existe la certeza de que en la década de 1870, el ingeniero alemán Gottlieb Daimler y Wilhelm Maybach crearon y fabricaron el primer motor de combustión interna. Daimler y Maybach eran por entonces director técnico y diseñador, respectivamente, de la empresa de motores de Nikolaus Otto y Eugen Langen (por eso el primer motor de explosión de cuatro tiempos se conoció como «motor Otto»). Años después, en 1885, su invento fue utilizado para propulsar el primer vehículo automotor (con tres ruedas y motor a combustión), obra de otro ingeniero alemán, Karl Benz, considerado el «padre» del automóvil. En realidad, se estableció una carrera entre motores de explosión y eléctricos que acabaron por ganar los de combustión interna.

Los primeros coches eléctricos, desarrollados por el escocés Robert Anderson entre 1832 y 1839, se hicieron viables tras las mejoras operadas en las baterías de los ingenieros franceses Gastón Plante, en 1865, y Camille Faure, en 1881. A partir de entonces su producción creció en Gran Bretaña y en Francia.

EN BUSCA DEL PRIMER AUTOMÓVIL DE LA HISTORIA

Año	Autor/Modelo	Tipo	Comentario
1672	Ferdinand Verbiest	Vapor	Diseño (probablemente construido)
1769	Joseph Cugnot	Vapor	Triciclo de 4,5 toneladas
1784	William Murdoch	Vapor	Primer carro de vapor fabricado en Gran Bretaña
1801	Richard Trevithick	Vapor	Especie de locomotora sobre ruedas llamada «Diablo bufador»
1807	François Isaac de Rivaz	Combustión Interna	El primer coche de la historia con combustión interna
1815	Josef Bozek	Vapor	Fuentes no muy fiables
1828	Ányos Jedlik	Eléctrico	Modelo embrionario con motor eléctrico. Pequeño prototipo
1832	Robert Anderson	Eléctrico	Primer modelo completo de coche con motor eléctrico
1838	Walter Hancock	Vapor	Faetón de cuatro plazas
1840	Anónimo	Carro de vapor	Con capacidad para 18 pasajeros
1860	Étienne Lenoir	Motor de explosión	Patente
1867	Franz Kravogl	Eléctrico	Primer vehículo eléctrico práctico
1870	Siegfried Marcus	Gasolina	Primer coche de Marcus
1881	Gustave Trouvé	Eléctrico	Primer coche eléctrico según algunas fuentes
1886	Karl Benz	Motor de combustión	Empezó a producirse en 1888
1888	Flocken Elektrowagen	Eléctrico	Primer coche eléctrico según algunas fuentes
1899	La Jamais Contente	Eléctrico	Primer automóvil en superar los 100 km/h
1908	Ford T	Motor de combustión	Primer automóvil producido en cadena

UNA BATALLA MUY ANTIGUA: GASOLINA *VS.* DIÉSEL

Esos primeros coches no deslumbraban precisamente por su diseño, pues se limitaban a imitar las estructuras de los carruajes o eran triciclos simples, pero constituían un avance tecnológico indudable al moverse gracias a un motor. Y ya a finales del siglo XIX se entabló la primera gran batalla de la industria automovilística. Según el modelo de Daimler, el llamado motor de combustión interna con un ciclo de cuatro tiempos necesitaba una mezcla de aire y gasolina para convertir el impulso del combustible en movimiento. Los cuatro tiempos eran: la admisión de la mezcla de gasolina y aire en un cilindro; su compresión en el tubo por la subida del pistón; la explosión a causa de una chispa producida por una bujía, lo que hacía bajar el pistón de nuevo; y, finalmente, la abertura de la válvula de salida para el escape de los gases, residuos de la explosión. La repetición constante de este proceso generaba el movimiento del coche sin necesidad de que tiraran de él bueyes o caballos.

14

Pocos años más tarde, otro ingeniero alemán, llamado Rudolf Christian Diesel, en su empeño por mejorar la eficiencia de los motores de gasolina, ya que a su entender derrochaban enormes cantidades de energía, creó el motor que lleva su apellido. A diferencia del de gasolina, se dice que el primer motor de Diesel funcionaba con combustibles diversos, desde algunos aceites vegetales hasta polvo de carbón. En realidad, la diferencia radicaba en el tercero de los cuatro tiempos: los motores de Diesel no necesitaban una bujía para producir la chispa de ignición del combustible, sino que el aire se comprimía en el cilindro de tal manera que alcanzaba una alta temperatura, momento en el que se inyectaba el combustible a presión para generar la combustión.

Por increíble que parezca, entre 1832 y 1839, Robert Anderson fabricó uno de los primeros coches de la historia: un vehículo eléctrico impulsado por medio de una batería.

¿Diésel o gasolina? Esta elección protagonizó la compra de coches desde la década de 1930, cuando ya hacía varios años que los diésel habían demostrado su eficacia en potentes locomotoras y barcos. Y, en pleno auge del desarrollo industrial, casi nadie reparó en las graves consecuencias de estos motores para el medio ambiente. De hecho, la proliferación de motores de estas características y la producción masiva de automóviles durante el siglo XX impulsaron la búsqueda, extracción y comercialización de combustibles de origen fósil (petróleo, gas, carbón). Mediante la mejora de estos combustibles se fabricaron automóviles cada vez más rápidos y maniobrables, más seguros y duraderos. El coche era el futuro, la solución para el desplazamiento individual y familiar, para el ocio y también para el trabajo.

Sus posibilidades comerciales parecían infinitas. La transformación de su proceso de fabricación, con la introducción de la cadena de montaje industrial en 1913, en la fábrica de Henry Ford en Detroit, supuso el espaldarazo definitivo para que el coche se transformara en el vehículo del presente y del futuro inmediato. La cadena de montaje optimizaba la labor individual de cada trabajador, que debía centrarse en una sola tarea del ensamblaje de cada unidad. La velocidad de producción se multiplicó y marcó el camino para una industria que ya no tuvo freno.

15

LA «PREHISTORIA» DE LOS HÍBRIDOS

En aquellos orígenes se primó la eficacia sobre la «limpieza», o quizá las consecuencias no se midieron bien. Un siglo encendiendo la chispa para el consumo de los combustibles fósiles dejó huella en la atmósfera, lo que poco a poco fue despertando conciencias. A medida que los automóviles se popularizaban y atestaban las ciudades y las carreteras, se elevaban cada vez más voces exigiendo la reducción de las emisiones residuales de los coches. Esta es justamente una de las causas de las investigaciones sobre nuevos modelos de automóviles: la necesidad de ir desechando los combustibles contaminantes en beneficio de la energía limpia. Este lento proceso empezó hace al menos tres décadas y todavía se prolongará varios años más. Actualmente, cuando casi hemos inaugurado la tercera década del siglo XXI, los coches híbridos son una variable real a la espera de nuevos prototipos. Las marcas se han lanzado a fabricar motores que permiten su alimentación con diésel y también con GLP (gas licuado de petróleo) o GNC (gas natural comprimido), soslayando la desconfianza que suscitan los eléctricos por su baja autonomía. Los híbridos de gas, por el contrario, tienen una autonomía de hasta 1.200 km. ¿Son una solución al problema de la contaminación? Es evidente que no, pues a pesar de rebajar sensiblemente las emisiones, no son los coches «limpios» que necesitamos.

La mayor parte de las marcas han diseñado sus propios híbridos, como Skoda, que presentó en el Salón del Automóvil de 2019, en Ginebra, un prototipo con motor turboalimentado de GNC o gasolina que dispone de la «ayuda» de dos motores eléctricos que se accionan automáticamente para el desarrollo de potencia adicional (durante el arranque, en terrenos excesivamente blandos o en zonas agrestes de suelo desigual). Esta «convivencia» será parte de la gran transición de la industria automovilística en los próximos cuarenta años, ya que el sector debe adecuarse a un cambio de paradigma. La energía proveniente de combustibles fósiles ha de reducirse al mínimo a lo largo de este siglo, pero el proceso no será breve, ya que la industria tendrá que adaptarse a las posibilidades de producción y distribución de otras energías, así como a las modificaciones de la legislación, a la creación de nuevos modelos comerciales y a la reacción del mercado de consumo. Los híbridos son por tanto el presente en transición, pues incorporan ya los genes del futuro.

Un ejemplo es el modelo de Volvo V60 que se presenta en el mercado entre 2019 y 2020 como el primer coche híbrido diésel-eléctrico. Se podrá cargar en los enchufes de la red eléctrica de las viviendas como si de un móvil se tratara, aunque en realidad dispone de tres posibilidades de funcionamiento: solo eléctrico (ecológico al cien por cien, ya que generará cero emisiones), híbrido diésel (que emulará a un eléctrico de alta eficiencia) o con ambos motores impulsándolo (según la denominada

El Volvo V60 Cross Country familiar con un sistema de propulsión T5 AWD inició el cambio de los modelos de esta marca en 2019. Ese año, Volvo lanzó al mercado también las gamas híbridas y sus variantes enchufables, en lo que fue el inicio de la transición hacia el eléctrico autónomo.

En 2019 Skoda (Grupo Volkswagen) presentó su primer coche totalmente eléctrico, el Vision iV Concept, basado en la plataforma modular de propulsión eléctrica MEB. Con tracción total y dos motores eléctricos de 225 kW (306 CV) de potencia, marca el camino irreversible de sus futuros modelos.

«potencia total»). Igual que otros híbridos, su punto débil es la autonomía (en modo eléctrico no podrá recorrer más de 50 kilómetros); sin embargo, rebaja las emisiones y su alta potencia (aceleración de 0 a 100 km/h en 7 segundos) es un reclamo para muchos conductores.

¿POR QUÉ HÍBRIDOS?

Las soluciones técnicas investigadas en las dos primeras décadas del siglo XXI han contribuido a mejorar la eficiencia de los motores. Destacan la gestión electrónica de los sistemas del motor, específicamente los vinculados a la alimentación y a la depuración y reciclado de los gases de escape, sobre todo en lo relacionado con la renovación de la recirculación de esos gases y con la instalación de catalizadores y de filtros de partículas. ¿Por qué entonces tanta preocupación por las emisiones, hasta el punto de cambiar la industria entera, cuando se estaba en el camino de lograr una mejora

Los automóviles híbridos son el presente en transición, pues incorporan ya los genes del coche del futuro.

sustancial? Aunque las investigaciones fueron un éxito, los motores de combustión tienen un límite insuperable: la termodinámica explica claramente que transforman energía en movimiento a base de la combustión y expansión de gases (como ya hemos visto en la explicación del motor de cuatro tiempos), por lo que alcanza una eficiencia máxima del 56%. Sin embargo, en la práctica la cuestión es más grave, porque la inmensa mayoría de coches en circulación no superan el 25% de eficiencia. Esto significa un 75% de la energía se lanza a la atmósfera en forma de calor residual.

Reducir esas emisiones (gases de efecto invernadero) ya es un éxito. No obstante, los híbridos son parte de la transición. El avance es progresivo por la interdependencia entre lo económico (fabricación y consumo), lo urbanístico (adaptación de las ciudades y carreteras) y lo tecnológico (creación de sistemas de interrelación informática e inteligencia artificial). Todas las empresas del sector siguen esta premisa, y muchas trabajan sobre un sistema eléctrico de 48 voltios que alimente sus nuevos híbridos. Mazda fabricará un modelo totalmente nuevo que reducirá el consumo de combustible en un 10% y aumentará la eficiencia en un 20%. El modelo Toureg de Volkswagen sigue la misma línea. Por su parte, el Grupo Hyundai introducirá a partir de la década de 2020 el sistema EcoDynamics, que consiste en un motor eléctrico que actúa como motor de arranque y alternador. Conectado al cigüeñal del coche a través de una polea, puede suministrar hasta 10 kW de potencia de manera puntual. A pesar de que el motor térmico estará constantemente en funcionamiento, el eléctrico se autoalimentará en las fases de desaceleración y frenada, transformándose así en un generador de electricidad que almacenará la energía en una batería pequeña situada bajo el maletero. ¿Cuántos modelos de híbridos coexistirán? Es una pregunta imposible de responder, ya que en Europa compartirán mercado con los nuevos eléctricos hasta 2040-2050, mientras que en otros continentes el período de coexistencia será aún mayor, incluso hasta cerca de finales del siglo, pues dependerá del nivel de desarrollo de cada país.

LOS COCHES ELÉCTRICOS Y EL ENIGMA DE LAS BATERÍAS

Nuevos acumuladores de energía

La gasolina pasará a la historia este siglo. Pero todavía se investiga cuáles serán la baterías que acumularán la electricidad que necesitarán los coches y serán más eficientes ¿litio? ¿grafeno? etc.

LOS ELÉCTRICOS APARECEN EN EL HORIZONTE

La fase de transición que se vivirá en la década de 2020 nos proyecta hasta mediados de siglo con la premisa de impulsar la renovación de la industria automovilística y adaptar carreteras y ciudades para el uso masivo de los coches eléctricos en sus diversas versiones. Más limpios y seguros, con similares prestaciones que los de gasolina y capaces de aumentar progresivamente su eficiencia y autonomía, estos automóviles ya han sido «oficializados» en Europa, donde se ha puesto fecha de caducidad a los que consumen combustibles fósiles: provisionalmente, entre 2030 (los países más avanzados) y 2060 (el resto).

Si bien ya existen numerosos modelos de coches eléctricos desarrollados en Europa, Estados Unidos, la India y Japón, ninguno ha llegado todavía a equilibrar lo suficiente la relación precio-prestaciones-eficiencia para acelerar el cambio y dejar en el olvido a los de combustión. Solo un par de datos: a inicios de 2018, los híbridos enchufables y eléctricos con batería constituían aproximadamente el 1,4% de las matriculaciones de vehículos en la UE, según datos del Consejo Internacional sobre Transporte Limpio (ICCT). El proceso será progresivo. Pero ¿por qué se «apuesta definitivamente» por los eléctricos? De acuerdo con el estudio difundido en 2018 por el ICCT, estos vehículos producen la mitad de emisiones contaminantes que los de motor a combustión. Para llegar a esta conclusión, se comparó el ciclo de vida de un coche eléctrico con las explosiones de gases de un vehículo tradicional.

El uso de electricidad como «combustible» no solo resulta menos contaminante, sino también más económico. Recargar la batería por completo es mucho más barato que llenar un tanque de gasolina. Además, las recargas por la noche podrían aprovechar los excedentes de la energía eólica «nocturna», limpia y renovable (a diferencia de la energía nuclear, por ejemplo), lo que redundaría en el beneficio medioambiental. En algunas ciudades europeas (sobre todo de Reino Unido, Alemania y Holanda) ya han empezado a sustituir progresivamente los

Los coches eléctricos pueden ser
enchufados en la red casera, o en los puntos
de recarga convencional o rápida que se
multiplican en las ciudades europeas.

25

autobuses tradicionales por híbridos y eléctricos, que no solo mejoran las condiciones medioambientales, sino que también reducen la contaminación acústica.

Con la mirada puesta en Noruega

Un estudio elaborado en 2018 por la Fundación Europea para el Clima (ECF) explica que, si bien la meta de emisiones cero para 2050 parece difícil de cumplir, la sustitución de combustibles fósiles en los vehículos mejorará mucho la calidad del aire; es más, se estima que las emisiones de óxido de nitrógeno, generadas por los motores diésel, se reducirán casi a la mitad hasta 2030. El uso de coches eléctricos también podría contribuir de manera importante a la reducción del volumen de gases de efecto invernadero en la atmósfera. Según las previsiones para 2030, un 25% de los vehículos que circulen por Europa serán eléctricos y un 50% híbridos. Si se alcanzan estas cifras, la tendencia es que en 2050 las emisiones contaminantes de los vehículos que circulen por Europa se hayan reducido un 88%. Por otra parte, sustituir los coches de combustión puede suponer un ahorro cercano a los 50.000 millones de euros solo en importaciones de combustibles fósiles hasta 2030.

Entre las 25 ciudades del mundo en las que se han vendido más coches eléctricos hasta el presente año (de acuerdo con la clasificación elaborada por el ICCT), se encuentran Shanghái y Beijing, en China –que ocupan los dos primeros lugares de la lista y son pioneras en el uso de este tipo de automóviles–, Los Ángeles, San Francisco, Nueva York, Tokio, París y Londres. Por países, en Europa destaca Noruega, que se ha tomado muy en serio la aspiración de lograr cuanto antes las emisiones cero de su parque vehicular. Según la Autoridad de Vehículos Independientes de Noruega, las ventas de coches eléctricos e híbridos a finales de 2017 fue del 52,2% (31,3% eléctricos y 20,9% híbridos). Dentro de Noruega, el modelo es Bergen (segunda ciudad del país tras la capital, Oslo), que, de acuerdo con los datos de 2017, ha reducido los niveles de dióxido de nitrógeno hasta los que registraba en 2002. Actualmente, un 18% de los coches que circulan por Bergen son eléctricos. Un porcentaje en crecimiento continuo por los incentivos del gobierno, que promueve la instalación de puntos de recarga y otorga ciertos privilegios a los automóviles híbridos, como el acceso a mayores espacios en el centro de la ciudad y más plazas de aparcamiento.

DE DÓNDE PROCEDEN
LOS COMBUSTIBLES

Tal como en su día se planteó lo que ocurrirá cuando se agote el petróleo, parece que ahora, ya con la lección aprendida, se empieza a hablar de las necesidades de combustible en el futuro, cuando se implanten masivamente las baterías de los coches eléctricos. La industria camina hacia el consumo de litio y cobalto. Según Investigación de Transparencia de Mercados (TMR), se prevé que en 2024 el mercado de litio alcance los 75.000 millones de dólares (más del doble que hace diez años). Estas estimaciones coinciden con el estudio de la financiera Morgan Stanley, que calcula que las ventas de coches aumentarán un 50% en 2050, hasta las 130 millones de unidades al año, un 47% de las cuales serán eléctricas.

De modo que los fabricantes de baterías deberán asegurarse el abastecimiento de combustible, algo que hoy en día no está claro. En la actualidad, un 45% de todo el cobalto extraído en el mundo (el Congo es el mayor proveedor, con el 50% de la producción global a cargo de la empresa Glencore) se utiliza para producir baterías de litio. La demanda de este elemento se disparará en los próximos años. Si en 2015 se necesitaron 184.000 toneladas, con un 40% destinado a las baterías, en 2025, según el Deutsche Bank, se llegará a las 534.000 toneladas, con un 70% para las baterías. Las miradas se dirigen a China (nueve de cada diez refinerías de litio están en el gigante asiático) y a Bolivia y Perú, donde se encuentran las mayores reservas.

27

BATERÍAS DE LITIO:
¿SOLUCIÓN O TRANSICIÓN?

El punto débil de los coches eléctricos es el almacenamiento de energía. Entre otras razones, los coches de combustión han sobrevivido tanto tiempo por la elevada densidad energética de la gasolina, que es de unos 12.800 Wh/kg (acumula 12.800 vatios por kilogramo para consumir en una hora), casi 100 veces superior a la de cualquier batería desarrollada hasta principios del siglo XXI. Durante los últimos años, sin

embargo, se han fabricado baterías de mayor densidad energética (y menor peso), como las de plomo-ácido, níquel-cadmio, níquel-hidruro o litio (Li-ion), aunque muchas utilizan elementos tóxicos para el medio ambiente y presentan problemas importantes para su reciclaje, ya que su vida es corta. Por ejemplo, tanto el plomo como el níquel, ambos con una densidad energética moderada, resultan tóxicos. Con el fin de mejorar su eficiencia, las baterías de litio emplean también un componente tóxico para los humanos, el cobalto. En un intento de reducir drásticamente su impacto ambiental, ya se han probado otros elementos para reemplazarlo, como el fósforo y el manganeso. En cualquier caso, las baterías de litio parecen ser por el momento las más «adecuadas» en la transición hacia acumuladores más eficientes, limpios y duraderos, que esperemos que pronto estén disponibles.

NI DOBLE-A NI TRIPLE-A, LAS PILAS DEL FUTURO SON LAS H

Sin contar con la elevada publicidad de los eléctricos, los llamados coches de hidrógeno no dejan de evolucionar y podrían ser la gran sorpresa en la industria del automóvil a partir de la tercera década de este siglo. En realidad, los llamados coches de hidrógeno son también eléctricos, solo que no son «enchufables», porque la electricidad se genera en el propio automóvil a través de una pila de hidrógeno. Pero, al igual que los coches de gasolina, debe recargar el combustible con una manguera, en su caso en las hidrogeneras.

El coche de pila de combustible produce su propia electricidad mediante la reacción electroquímica entre el hidrógeno del depósito y el aire atmosférico, y libera agua al exterior en forma de vapor. La electricidad queda almacenada en una o más baterías y se utiliza para hacer funcionar los motores eléctricos del vehículo. A bajas velocidades, este obtiene la energía solo de la batería, mientras que en carretera lo hace de la pila de combustible, que aporta mayor potencia a los motores mientras se recarga la batería, que aprovecha la energía generada en las frenadas.

Las baterías de litio, más potentes que los modelos anteriores, son la fuente de energía de los coches eléctricos. Estas realizan la transición hacia baterías de mayor eficiencia.

31

A principios de siglo varias marcas japonesas iniciaron las investigaciones sobre la pila de combustible. La pionera fue Toyota, en 2002. Sin embargo, en 2008 Honda se convirtió en la primera en lanzar al mercado un coche de hidrógeno, el FCX Clarity, cuya segunda generación, el Clarity Fuel Cell (para cinco pasajeros), se puso a la venta en 2016 y tuvo una aceptable acogida en Europa y Estados Unidos (sobre todo en California), al extender su autonomía a casi 600 km. Mazda desarrolló una especie de híbrido de gasolina e hidrógeno, el RX8, finalmente no aprobado para producción. Probablemente la marca más perseverante haya sido la surcoreana Hyundai, que en 2013 ya empezó a comercializar de manera masiva su modelo IX35 Fuel Cell, y años después lanzó un segundo modelo, más avanzado, el Nexo, con un propulsor de 120 kW, una batería de 40 kW y una pila de combustible de 95 kW. Este potencial le permite acelerar de cero a cien en 9,5 segundos. En cuanto a la pionera Toyota, tardó catorce años en lanzar un coche de producción: en 2016 presentó el Mirai, distribuido con éxito en el estado de California, en Japón y en cuatro países de Europa (Dinamarca, Bélgica, Alemania y Reino Unido) con la infraestructura mínima de hidrogeneras para poder reabastecer sus pilas.

El automóvil de hidrógeno es sin duda un «coche del futuro», porque en la actualidad todavía se están investigando sus desventajas con respecto a los eléctricos, para mejorarlo y que resulte competitivo en el mercado por el precio, por la eficiencia y por el importe del combustible. A diferencia de los eléctricos, dispone de tanques de hidrógeno que alimentan la pila de combustible, donde se mezcla con el oxígeno para generar la energía necesaria. En principio, lo que encarece el precio de estos automóviles es que el principal catalizador del hidrógeno es un metal precioso carísimo: el platino. Se está investigando la posibilidad de reemplazarlo por un elemento más barato como el cobalto (aunque más contaminante). Por otra parte, la producción de hidrógeno (aunque se trata del elemento con mayor presencia en la atmósfera) todavía es cara, ya que para «capturarlo» y transformarlo se deben realizar procesos muy costosos, como la hidrólisis a altas temperaturas (para extraerlo del agua).

Por último, también es onerosa la instalación de hidrogeneras, es decir, la creación de una red de puntos de recarga. Se estima que, como mínimo, instalar una hidrogenera cuesta más de medio millón de euros, diez veces más que el montaje de una estación de recarga rápida multiformato para coches eléctricos. Por esta razón, entre otras, en 2018 había solo 318 hidrogeneras en todo el mundo, aunque se prevé que a principios de la década de 2020 esa cifra se haya triplicado y que en 2030 alcance las 5.300 unidades. Sin embargo, ni siquiera este crecimiento vertiginoso sería suficiente para abastecer a una producción masiva de coches con pila de combustible de hidrógeno. Además, se estima que esas estaciones se concentrarán casi exclusivamente en Japón, Estados Unidos y algunos países de Europa.

PILAS MÁS BARATAS

El uso del platino es, según científicos de las universidades estadounidenses de Stanford y de California en Riverside, el principal freno a la expansión comercial de las pilas de hidrógeno en los coches. Sin embargo, la situación podría dar un giro de ciento ochenta grados con la incorporación de otros metales en vez de ese metal precioso, como el cobalto, entre 90 y 100 veces más barato.

David Kisailus, profesor de ingeniería química en la Universidad de California en Riverside, sostiene que el uso de un metal mucho más barato que el platino, como el cobalto, el níquel o el hierro, permitiría hacer reacciones más rápidas. Científicos de esa universidad llevaron a cabo un proceso denominado electrospinning que fusiona iones de esos metales más baratos con carbón de grafito para obtener un material poroso y delgado como una hoja de papel. Este se puede aplicar a las pilas para que reaccionen a partir de la acción del oxígeno, separando las moléculas del hidrógeno en protones y electrones. Los electrones generan electricidad, mientras que los protones se vuelven a fusionar con el oxígeno y crean agua.

Según Kisailus, este nuevo material se podría incrustar en las partes estructurales del automóvil, tanto en el chasis como en la carrocería. El objetivo es reducir su peso y, simultáneamente, generar electricidad, de modo que también se mejoraría la eficiencia.

33

EL MATERIAL DEL PREMIO NOBEL

Si el futuro de las pilas de hidrógeno se antoja incierto (debemos estar atentos a las investigaciones de los próximos diez años, pues su viabilidad tal vez se aclare definitivamente antes de 2030), el grafeno es la gran esperanza para hacer realidad las fantasías de los ingenieros.

En 2004 los científicos rusos Andre Geim y Konstantín Novosiólov, profesores e investigadores en la Universidad de Manchester (Reino Unido), aislaron el grafeno como material y comprobaron sus propiedades eléctricas. Su estructura laminar plana, de un átomo de grosor, está compuesta por átomos de carbono densamente empaquetados en una red cristalina con la forma de un panal de abejas.

El mayor mérito de Geim y Novosiólov fue obtener una lámina de átomos de carbono a partir del grafito (el material de las minas de los lápices) y convertirla en un material utilizable. Este descubrimiento provocó una conmoción en toda la industria electrónica,

El FCX Clarity de Honda es un modelo pionero en el uso de pila de hidrógeno como combustible. Esa empresa, junto con Toyota, son las únicas que tienen licencia para fabricar estos coches en Estados Unidos. Incluso han sugerido que, en la década de 2020, reemplazaran de una forma natural a los híbridos que comercializan. Este coche puede desarrollar hasta 160 km/h y tiene una autonomía que supera los 450 kilómetros.

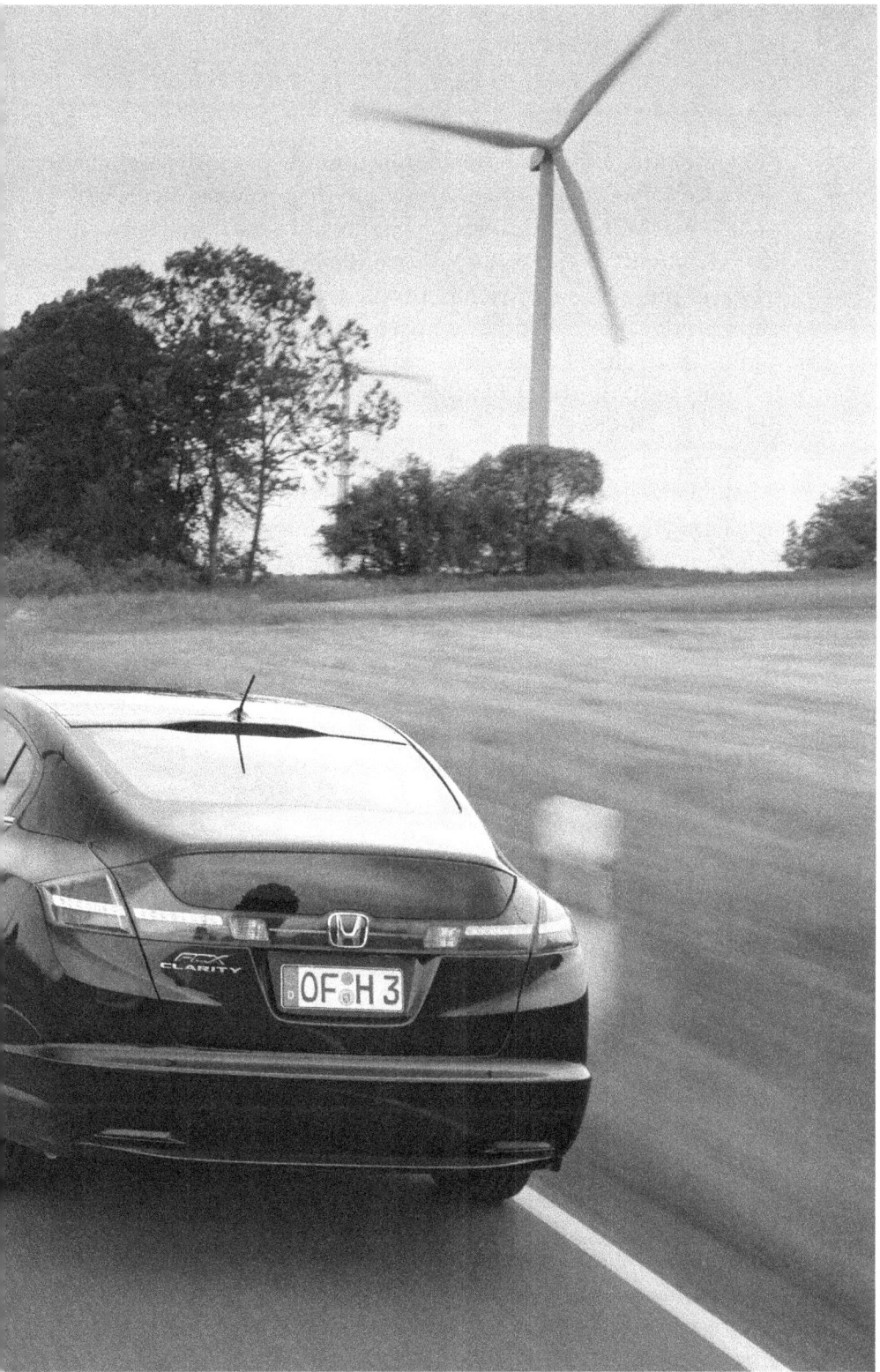

pues muchos expertos consideran que los dispositivos fabricados con este material (por ejemplo, los ordenadores) serán mucho más veloces, flexibles y eficientes que los actuales de silicio. El grafeno es el mejor conductor de la electricidad conocido hasta el momento. Entre sus propiedades destaca la denominada conducción balística, que permite el paso de los electrones a la misma velocidad que los fotones por la fibra óptica. A ello hay que sumarle elasticidad, permeabilidad, flexibilidad y, por último, dos propiedades que nunca se habían encontrado juntas en un mismo material: ligereza (pesa 0,77 mg/m^2) y resistencia, que lo convierten en el material más duro del mundo.

Geim y Novosiólov fueron laureados con el Premio Nobel de Física en 2010 por el descubrimiento del grafeno y sus investigaciones sobre este material. La industria automotriz ha multiplicado los estudios para hallar una aplicación real del grafeno que haga justicia a las enormes expectativas que ha despertado.

LA POSTERGADA REVOLUCIÓN DEL GRAFENO

Sin embargo, este entusiasmo inicial se ha atenuado. Algunos científicos se muestran cautos y se limitan a dejar la puerta abierta a que «se pueda aprovechar en un futuro», postergando la revolución del grafeno. Otros sostienen que sus beneficios ya se observan actualmente en la mejora de la eficiencia de las baterías de litio. Por el momento, el grafeno podría acabar con uno de los grandes inconvenientes de las baterías actuales, su autonomía, pues sería capaz de triplicarla. El argumento en contra que esgrimen los más pesimistas es que se trata de un material muy caro y poco rentable en la industria porque, a pesar de la abundancia de carbono, la inestabilidad del grafeno haría económicamente inviable su aplicación práctica en los coches eléctricos.

Por otro lado, el grafeno es también supercondensador, es decir, su escasa resistencia a la conducción de electricidad hace que resulte muy eficaz para acumularla. Sin embargo, los beneficios que podrían derivarse de su uso en las baterías de los coches

El grafeno podría acabar con uno de los mayores inconvenientes de las baterías actuales: su autonomía, pues sería capaz de triplicarla.

eléctricos supera esta expectativa. Por ejemplo, permitiría incrementar notablemente su densidad energética: en el caso de las baterías de litio, hasta 650 Wh/kg. Además, su uso no redundaría simplemente en baterías de mayor capacidad, sino que propiciaría un mayor rendimiento del coche eléctrico, pues aumentaría notablemente su capacidad energética reduciendo o conservando la masa y el tamaño de las baterías. Ya entre 2018 y 2019, investigadores del Instituto Alemán de Energía e Investigación del Clima aplicaron el grafeno para triplicar la capacidad de una batería y reducir en la práctica, de manera increíble, los tiempos de carga de un coche eléctrico. Para ello, experimentaron con un material formado por nanopartículas de óxido de estaño (facilitan el almacenamiento de energía), enriquecidas con antimonio (garantiza una mayor conductividad), sobre una capa base de grafeno (asegura la estabilidad estructural del nuevo material).

37

RECARGAS SIN CABLES Y EN MARCHA

Actualmente existe la posibilidad de recargar el coche eléctrico en 20 o 30 minutos en un punto de la red normal, ya sea en una electrolinera disponible en alguna calle de la ciudad («carga de oportunidad») o bien en el propio domicilio o en el lugar de trabajo («carga vinculada»). Sin embargo, el método que seguramente se impondrá en las próximas décadas será la recarga por inducción (sin cables), que consiste en detener el coche sobre un punto específico de una zona especial que permita la carga automática por inducción electromagnética (sin contacto directo). Desde luego, es cómodo y seguro para el conductor, ya que no debe abandonar el coche durante la recarga. Un segundo método, que requerirá una profunda transformación urbanística, será la recarga en marcha, a lo largo de calles y avenidas mientras el coche circula por ellas.

Muy ligero pero doscientas veces más resistente que el acero y mejor conductor eléctrico que el cobre, el grafeno se perfila como el material alternativo para las pilas que alimentan los coches. La empresa Avevai, de Singapur, desembarcó en Europa y Estados Unidos en 2019 con sus modelos de carga equipados con el Sistema de Gestión de Energía de Grafeno (GEMS).

LA ERA DE LOS MATERIALES INTELIGENTES

Biodiversos, nanotecnológios y ecológicos

Inteligentes y ecológicos son dos de las características más sobresalientes de los nuevos materiales nanotecnológicos y biodiversos que marcan el camino de las próximas décadas. Sus propiedades de adaptabilidad a las necesidades de múltiples funciones los harán indispensables.

Veinticinco años más tarde, el
Delorean DMC12, el coche-símbolo que
«anticipó el futuro» en el cine, volvió a
fabricarse con tecnología del siglo XXI.

EL DELOREAN DEL SIGLO XXI Y LOS NANOMATERIALES

En 1986, cuando el mundo prestaba atención al cercano final de la Guerra Fría y el petróleo era el rey absoluto de la energía, se estrenaba la película de ciencia ficción *Regreso al futuro*, que no solo recrea el DeLorean DMC-12 como un coche capaz de viajar en el tiempo, sino que también reivindica el cuidado medioambiental haciendo que su combustible sean residuos domésticos. Aquella ocurrencia de los guionistas está camino de concretarse con los nuevos materiales biobasados, como por ejemplo la cáscara de la granada.

42   No obstante, como ocurre a menudo, la realidad ha superado a la ficción: el mítico DeLorean quedó desfasado en el cambio de siglo, que ha marcado el inicio de una nueva era tecnológica con la irrupción de los materiales inteligentes, es decir, que toman decisiones. En ese camino está la nanotecnología, una ciencia joven y con un margen de mejora cada vez más amplio. Si volcar un cubo de la basura en el tanque del combustible para poner el coche en funcionamiento ya se alejaba en 1985 de cualquier realidad posible, imaginemos lo que suponía hablar en 1974 de nanotecnología. Ese año, el profesor japonés Norio Taniguchi, de la Universidad de Ciencias de Tokio, utilizó la palabra en un artículo por primera vez. Sin embargo, no se popularizaría hasta 1986 (casualmente el año de estreno de *Regreso al futuro*), cuando el ingeniero estadounidense Kim E. Drexler publicó el ensayo *La nanotecnología: El surgimiento de las máquinas de creación*. Ficción y realidad transitaban juntas, por carreteras paralelas, sin saberlo. La medida de longitud de las investigaciones punteras actuales es el nanómetro, equivalente a una milmillonésima parte de un metro. Para comprender la magnitud de esta medida, basta con saber que un cabello humano tiene un grosor de casi 100.000 nanómetros y que la nanotecnología actual trabaja con objetos de entre 1 y 100 nanómetros: partículas invisibles, casi mágicas.

ROBOTS INVISIBLES QUE CONSTRUYEN MOLÉCULAS

En 2018 un grupo de científicos de la Universidad de Manchester consiguió crear el primer robot molecular, cuyo tamaño y capacidades escapan a la imaginación. Cada uno de estos nanorrobots está formado por 150 átomos de carbono, hidrógeno, oxígeno y nitrógeno. Unos gigantes si se los compara con las moléculas de un nanómetro (la millonésima parte de un milímetro) de diámetro que, como máquinas de una fábrica, manipulan y transforman. Dichos robots pueden construir y cargar moléculas mediante un brazo articulado y funcionan a través de reacciones químicas que se producen en soluciones especiales preparadas por los científicos, que pueden controlarlos y programarlos para realizar tareas básicas, como si fuesen el software de un ordenador. Para detectarlos a simple vista hay que agrupar miles de millones de estos robots, y aun así su tamaño no superará el de un grano de arena.

Según el profesor David Leigh, director de la investigación en la Escuela de Química de la Universidad de Manchester, «nuestro robot es literalmente molecular, construido con átomos al igual que alguien puede construir algo muy simple con piezas de Lego. La robótica molecular representa lo último en la miniaturización de la maquinaria. Nuestro objetivo es diseñar y hacer las máquinas lo más pequeñas posible. Este es solo el comienzo, pero anticipamos que aproximadamente en diez o veinte años [entre 2030 y 2040] los robots moleculares empezarán a utilizarse en líneas de montaje de fábricas moleculares para construir moléculas y materiales».

APLICACIÓN DE ALGUNOS NANOMATERIALES

Autoparte	Material tradicional	Nano-material	Propiedades
Carrocería y chasis	Acero Encolado para piezas Adhesivos	Nitruro de carbono metálico Grafeno y nanofibras de carbono Ferrita	Mayor resistencia Reducción del peso del coche Protección ante el sobrecalentamiento y disminución del consumo de energía
Interior	Filtros de aire Textiles	Nanofibras y nanocompuestos porosos Ag TiO2 Au Nanotubos de carbono Nanoarcillas	Mejores propiedades de filtración Antimicrobianos y antiolor Baja inflamabilidad, retardantes de las llamas y autoextinguibles
Neumáticos	Compuestos de caucho	Organosilano Negro de humo Nanotubos de carbono Organoarcilla Nanoalúminas Grafeno	Resistencia a la abrasión y al desgaste. Mayor durabilidad y capacidad de adherencia Más dureza y resistencia a la tracción Mayor estabilidad termoplástica Mejora general de las propiedades del neumático
Cristales, espejos y faros	Lunas y faros Espejos	Al2O3 SiO2 ZnO Polímeros de carbono fluorados WO3 Óxido de indio y estaño	Control de la transmisión de la radiación solar y el deslumbramiento (seguridad y confort)

Fuente: Revista Seguridad y salud en el trabajo, núm. 93 (diciembre de 2017). Adaptación propia.

Ya en 2010, investigadores del Instituto de Tecnología de California comprobaron que existían nuevos nanomateriales.

La revolución de los nanomateriales probablemente determinará en los próximos 50 años una nueva era en la tecnología y la industria, así como un cambio social y económico radical. Esta transformación se inició en el mundo automotriz con numerosos proyectos que continúan avanzando en su aplicación práctica.

En el capítulo anterior hemos abordado la irrupción de los coches eléctricos a partir de la energía que los impulsará. Pues bien, los nanomateriales no son ajenos a ello. Un equipo de investigadores de la Universidad de Northwestern, en Estados Unidos, ha desarrollado un material para incorporarlo a las baterías (incluso podría llegar a reemplazarlas) que permitirá aumentar de manera exponencial la autonomía de los automóviles. Los COF (Covalent Organic Frameworks) conforman una familia de polímeros altamente resistentes y con poros minúsculos capaces de almacenar energía. Este polímero se combinó con un componente muy conductivo como alternativa a los electrodos porosos basados en el carbono. Según William Dichtel, jefe del Departamento de Investigación Universitaria de esa institución, «se trata de un nanomaterial con la capacidad de almacenar enormes cantidades de energía eléctrica y la propiedad de cargarse y descargarse rápidamente, como los supercondensadores. Sin embargo, aunque las perspectivas son muy halagüeñas, todavía queda por recorrer un camino incierto de investigación para solucionar el problema de su conductividad limitada».

Ya en 2010, investigadores del Instituto de Tecnología de California (Caltech) comprobaron que existían nuevos nanomateriales que podían aumentar de forma trascendente la eficiencia de los dispositivos termoeléctricos. Menos de diez años después, la empresa SpotDot explicó que próximamente lanzará al mercado una batería capaz de cargar los coches eléctricos en cinco minutos. Como si se tratara de la antigua fórmula de la Coca-Cola, la empresa mantiene en secreto la composición de la llamada

45

Los revestimientos de nanomateriales otorgan propiedades novedosas a la pintura de los coches: permiten que se autoreparen las ralladuras o que sea resistente al agua.

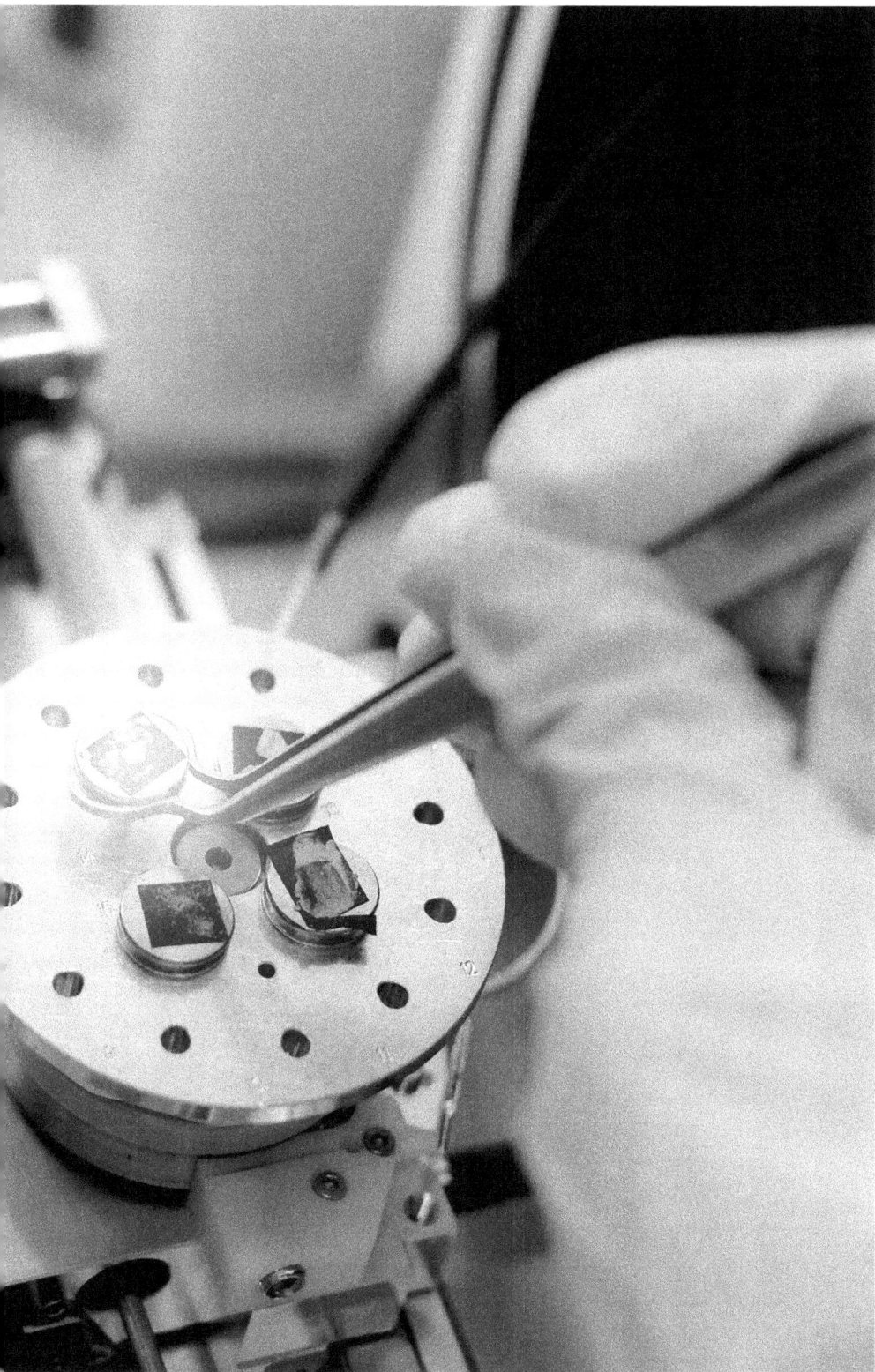

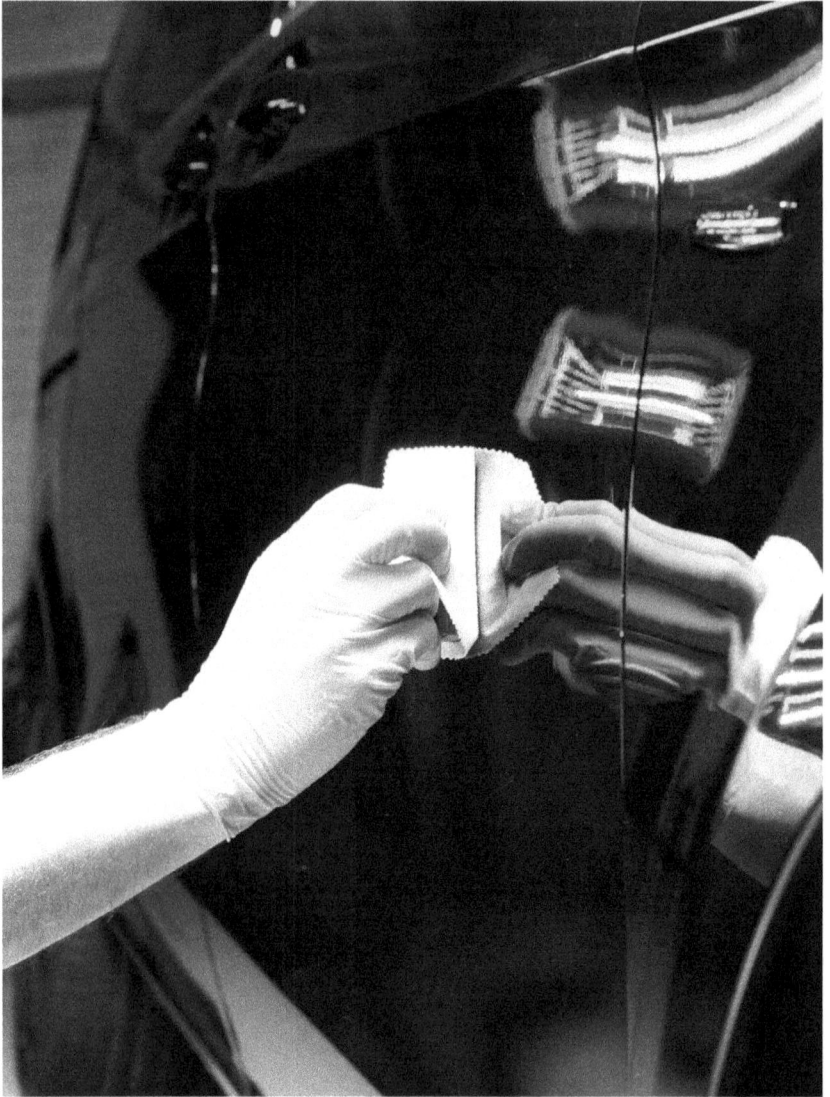

FlashBattery, pero explica que se diferencia de las baterías comunes (de última generación) en que no utiliza ni litio ni grafito, elementos incapaces de soportar una carga rápida de energía. Sin embargo, trascendió que con 40 nanomateriales y compuestos orgánicos organizados en capas, dispuestas estas en módulos, se crea un paquete de microbaterías que, de acuerdo con sus cálculos, otorgarán al coche una autonomía de 480 km por carga.

Los revestimientos de nanomateriales otorgan propiedades novedosas a la pintura de los coches: permiten que se autoreparen las ralladuras o que sea resistente al agua.

LA INVASIÓN DE LAS NANOMOLÉCULAS

Los nanomateriales ya están entre nosotros, y en cada rincón de nuestros coches, desde el parabrisas hasta la pintura, desde el motor hasta los asientos. Se puede decir que hay un nanomaterial para cada función, aunque su desarrollo industrial esté aún en ciernes. Mediante su aplicación, combinado con otros materiales que amplían sus propiedades, se consiguen innumerables mejoras. El uso de nanopartículas cerámicas y otros compuestos en la pintura ofrece una enorme resistencia al rayado a causa de su mayor dureza y elasticidad, además de un reconocible acabado brillante. Las resinas plásticas fabricadas con nanoarcillas o nanofibras de carbono permiten un salto enorme

MICROMECÁNICOS PARA MOTORES

En el futuro, los minirrobots mecánicos evitarán que debamos llevar el coche al taller y acelerarán cien veces muchas reparaciones. La emblemática empresa automovilística de origen británico Rolls Royce, asociada con las universidades de Harvard y Nottingham, está desarrollando los swarms (enjambres), que se encargarán en el futuro del mantenimiento de los motores de los coches (también de los aviones).

Cada swarm mide cerca de 1 cm de diámetro y pesa 1,5 g. Estos hermanos «gigantes» de los nanorrobots se ocuparán de la inspección visual de las áreas de difícil acceso del motor, arrastrándose a través de sus componentes. Llevarán pequeñas cámaras que retransmitirán imágenes en vivo al operador y con sus cuatro pequeñas patas podrán moverse horizontal y verticalmente. Y, lo que es más importante, gracias a su protección térmica, podrán desenvolverse pese a las elevadas temperaturas de los motores.

Los swarms están en fase de desarrollo, y los científicos trabajan para conseguir modelos aún más pequeños y eficientes, con el fin de reducir sustancialmente los costes y también el tiempo de mantenimiento de los motores. Se especula con que estos pequeños robots puedan realizar en apenas cinco minutos tareas que en los talleres tradicionales llevan cinco horas.

en la conductividad eléctrica y favorecen el pintado electrostático, que protege contra el desgaste y la corrosión. Y aún hay más: los polímeros de carbono fluorados facilitan la limpieza de lunas, faros y espejos del coche, y tienen propiedades hidrofóbicas y oleofóbicas. En un futuro conducirán a la extinción de los limpiaparabrisas. Su uso también se adapta a los productos textiles: aumenta la resistencia a las manchas en el tapizado del coche y reduce su inflamabilidad, de manera que retardan su combustión y dan tiempo a apagar el fuego.

Y así podríamos continuar páginas y páginas, dando cuenta de materiales que son la base tecnológica de un desarrollo inimaginable en los próximos cuarenta años. Hay nanomateriales para reducir la fricción y el desgaste del sistema de transmisión, o pigmentos fotosensibles para cubrir con pintura fotovoltaica la carrocería y convertir el coche en una gran célula solar. Asimismo, se investiga en el desarrollo de piezas de Fe (ferrita), nanofibras de carbono o nitruro de carbono metálico, entre otros nanomateriales, para maximizar la resistencia, la ligereza y la protección contra el sobrecalentamiento, con el fin de sustituir las soldaduras o incluso los chasis de acero o aluminio.

La industria automotriz está decidida a fabricar de autopartes con materiales biobasados, producidos con residuos alimentarios.

Sin embargo, insistimos en que esto es solo el inicio. Existen equipos de investigación que ya han empezado a diseñar nanorrobots y nanomáquinas dirigidos a distancia que están especializados en ciertos movimientos y funciones predeterminadas. Uno de los pasos siguientes será conseguir su «conexión sináptica» (como la implicada en la comunicación y el traslado de información entre dos neuronas humanas) con los ordenadores del coche, para que las nanopartículas reciban información instantánea que les permita modificar su comportamiento en función de las necesidades; es decir, transformarse en materiales inteligentes.

GINA, LA PIEL DEL COCHE

Ya en 2008 el director de diseño de BMW Group, el ingeniero Chris Bangle, creó junto a su equipo el prototipo Gina Light Visionary Model, un coche basado en partículas nanométricas que, como chips, podían programarse para dotar a la carrocería de diferentes propiedades: mayor resistencia, flexibilidad, ligereza… Precisamente de estas aplicaciones nació su nombre, Gina: Geometry and functions In «N» Adaptations (Geometría y Funciones de Múltiple Adaptación).

Por aquel entonces los investigadores de BMW habían desarrollado una carrocería exenta de ranuras y con un aspecto flexible a partir de un nuevo material resistente y deformable montado sobre una estructura metálica, como si fuese la piel del automóvil. Así, la carrocería se podía transformar, adaptar y deformar en función de las necesidades prácticas y estéticas del conductor. El dinamismo también se trasladaba al interior del vehículo: según las funciones activadas, el salpicadero y los asientos adquirían distintas formas. Por ejemplo, cuando el coche estaba parado, tanto el asiento del conductor como el volante o los relojes del cuadro de mandos se ponían en modo espera, potenciando la ergonomía y el confort.

No era un coche comercial, sino tal vez un mero «capricho técnico» del equipo de investigadores de BMW, para mostrar la dirección que podían tomar las nuevas tecnologías en el sector. Y, a la vista de las investigaciones actuales, da la impresión de que no andaban desencaminados.

51

LO BIOLÓGICO SIEMPRE VUELVE

Para cerrar esta tríada de materiales «inteligentes», es preciso volver al inicio del capítulo, pues muchos de los materiales biobasados entroncan con esa escena de Regreso al futuro en la que Doc, el científico, llena el tanque de combustible de su DeLorean de última generación con el contenido de un cubo de la basura. Al cabo de varias décadas, la fabulación propia del cine se vio corroborada en la realidad, en una demostración de que la imaginación siempre se abre camino. Algunos investigadores de empresas punteras proveedoras de materiales para la industria automotriz han experimentado con fibras vegetales de descarte, por ejemplo. En esa línea surgió el primer proyecto plurinacional europeo, cuya fase inicial tiene como límite el 2020: el proyecto Barbara, puesto en marcha en 2018, apunta al desarrollo de nuevos materiales biobasados a partir de residuos alimentarios, aplicable al sector industrial automotriz, entre otros. Para ello se asociaron once empresas de Alemania, Italia, España, Bélgica y Suecia, dotadas de un presupuesto cercano a los 2,7 millones de euros, para fabricar prototipos de tiradores de puertas o frentes de salpicaderos de coches, entre otros, mediante avanzadas técnicas de impresión en 3D y bioplásticos. Los nuevos **materiales, basados** en **residuos alimentarios** (vegetales como zanahorias, almendras o granadas) y **agrícolas** (maíz) y con **determinadas propiedades** mecánicas, térmicas, estéticas, ópticas y antimicrobianas, resultarán aptos para su uso industrial en componentes de sectores de alta exigencia.

Estas investigaciones, en absoluto casos aislados, pueden quedarse en el camino ante el avasallador futuro que tienen por delante. Christophe Aufrère, director de innovación de Faurecia, una de las multinacionales líderes en el desarrollo de equipamiento de interiores para coches, explica que para su compañía «la cabina del futuro [los interiores del vehículo] se centra en proporcionar un entorno más versátil, predictivo y conectado para personalizar el viaje y que los ocupantes aprovechen al máximo su tiempo a bordo». El aprovechamiento de productos agrícolas, cuya combinación con otras sustancias permite fabricar numerosos compuestos con diferentes propiedades, texturas, colores u olores, están destinados a formar parte del interior del coche (en manijas, tejidos o coberturas) reduciendo a la vez el uso de materiales pesados, no degradables y contaminantes.

FORD Y EL RECICLAJE DEL PLÁSTICO DE LOS MARES

Más de ocho millones de toneladas de residuos plásticos se vierten al mar cada año. Pero la industria automotriz está decidida a fabricar de autopartes con materiales biobasados, producidos con residuos alimentarios. La primera empresa automotriz estadounidense, Ford, anunció recientemente que está trabajando con materiales bioplásticos (o plásticos biobasados) y que en su plan de investigación contempla reutilizar los residuos plásticos que en los océanos se mueven a la deriva como enormes islas flotantes. Alper Kiziltas, miembro del Departamento de Investigación de Materiales del Centro de Investigación e Innovación en Dearborn (Michigan), afirmó a finales de 2018 que en todos los vehículos en Estados Unidos se han utilizado materiales basados en aceite de soja para los respaldos de los asientos, los cojines y los reposacabezas. Mientras que en Ford, en particular, los coches tienen entre 10 y 20 kg de materiales plásticos renovables, tales como espumas a base de soja o de aceite de castor, cauchos hechos también con este aceite y plásticos basados en elementos de refuerzo totalmente naturales. Asimismo trabajan en afinar los acabados y las texturas de estos materiales para utilizarlos en la elaboración de las piezas interiores que requieren mayor calidad estética. En cualquier caso, Kiziltas insistió en el compromiso de toda la empresa, desde los ingenieros e investigadores hasta los proveedores, para seguir estudiando cómo solucionar el problema del plástico que flota a la deriva en los océanos.

55

DEL SMARTPHONE AL SMARTCAR AUTÓNOMO

En coche como en la sala de estar

Las comunicaciones globales a través de la instalación de la red 5G permitirán que el Internet de las Cosas (las máquinas «hablan» entre sí) sea fiable y rápido. Esta base tecnológica facilitará el sueño casi mágico de la automoción: coches sin conductor.

LAS COSAS QUE DIALOGAN

Las máquinas hablan entre sí: se preguntan, se responden, ordenan, obedecen, se sincronizan, incluso toman decisiones de acuerdo con la información que reciben. El desarrollo de la inteligencia artificial, junto con la conexión a través de internet – el Internet de las Cosas (IoT)–, hará que los coches del futuro interpreten todo lo que ocurre a su alrededor, dialoguen con los semáforos y con los cargadores de energía, elijan caminos y cambien de ruta, o respondan a las condiciones meteorológicas, entre otras muchas funciones.

La suma gradual de estas «cualidades», que ya está en marcha e irá aumentando año tras año, conducirá al objetivo final hacia la mitad de siglo: que los coches circulen con seguridad hasta su destino sin que nadie los conduzca, al menos de la forma tradicional. Pero la automoción autónoma será el resultado último; para hacerla realidad, antes hay que dar otros pasos intermedios.

En primer lugar, hay que impulsar el Internet de las Cosas, con el fin de que se den las condiciones necesarias para la intercomunicación de las máquinas y sistemas. Peugeot, por ejemplo, está desarrollando su plan «Concepto del Instinto» mediante un prototipo que permite al usuario intercambiar datos a través del móvil con el sistema domótico que maneja su casa. Ese premodelo ya presenta dos modos de desplazamiento con conducción y otros dos autónomos, dejando a su propietario la opción de conducir si le apetece. El sistema está basado en el *deep learning* (aprendizaje profundo), con el que el coche puede agregar constantemente datos de la plataforma de IoT, analizarlos, incorporarlos y, a partir de su análisis, crear patrones de comportamiento que reflejen las acciones y preferencias del conductor (este es uno de los principios de la inteligencia artificial). El automóvil será capaz de evaluar ejemplos e instrucciones para modificar el modelo en caso de que se produzcan errores.

Otro prototipo creado para alcanzar esa meta es el Forward ShowCar, de la compañía Bosch, con una cámara para monitorizar al conductor y someterlo a un reconocimiento facial con el fin de personalizar el vehículo mediante el ajuste de la altura del volante, los retrovisores, la temperatura ambiente, la inclinación o la altura de la butaca. Incluso dispone de un control gestual con sensores de ultrasonido que detecta si las manos del conductor están en el lugar correcto. Este concepto proporciona una idea de la tendencia y el camino que debe seguir la investigación en coches inteligentes, teniendo en cuenta que, según algunas previsiones, en la primer mitad de la década de 2020 el mercado mundial de

LA CUARTA REVOLUCIÓN INDUSTRIAL (URBANA)

Se estima que en 2050 el 66% de la población mundial vivirá en ciudades y que 43 de estas urbes serán megalópolis que superarán los 10 millones de habitantes, según un informe del Panel Internacional de Recursos (IRP), un organismo de la ONU. Se prevé que dos cuestiones serán básicas para la sostenibilidad del nivel de vida de las más de 6.400 millones de personas que habitarán las ciudades del planeta: energía y movilidad, que deberán sufrir una transformación radical para hacer frente al crecimiento demográfico y económico sin que aumenten la congestión y la contaminación. Este proceso deberá ser paralelo a la consecución de varios objetivos por parte de los automóviles: consumo de energía limpia, emisiones cero, mayor seguridad sin renunciar a la comodidad y una automoción vinculada a la inteligencia artificial. Será esta la cuarta revolución industrial, que permitirá crear las nuevas condiciones de sostenibilidad necesarias para circular por las ciudades a partir de mediados de siglo, al tiempo que transforma los procesos económicos y los hábitos sociales.

59

La red inalámbrica 5G, puesta en marcha en 2020, es tan veloz y estable que ha producido una revolución en las comunicaciones. Y ha abierto está década hacia la automoción.

la movilidad conectada crecerá cerca de un 25% anual. Los coches no solo se comunicarán entre sí a partir del IoT, sino que incluso se convertirán en asistentes personales: será posible enviarlos a hacer «recados», como ir a buscar a alguien al aeropuerto.

LA CLAVE ES LA RED 5G

En 1999 se inauguró la red 1G, la primera generación de tecnología inalámbrica, que permitió el funcionamiento de la red móvil y el nacimiento del *smartphone* (el primer Iphone fue presentado por Steve Jobs en 2007). En solo dos décadas la evolución ha sido vertiginosa: ya está en marcha la red 5G, que entre 2025 y 2030 superará con creces la cobertura de más de mil millones de personas en todo el mundo. Pero ¿qué tiene que ver este nuevo servicio de telefonía móvil con los coches del futuro?

La denominada movilidad inteligente requiere una red potentísima en capacidad y velocidad para la transferencia hiperrápida de datos, no solo por la enorme cantidad de dispositivos conectados, sino por el volumen de información que intercambiarán, de ida y vuelta, con la exigencia de que sea fluida, sin interferencias y de alta calidad. Todo eso promete la 5G, que se ha construido sobre la base de la 4G LTE (Long Term Evolution). El salto de una tecnología a otra equivale a pasar de estar conectados con un hilo de cobre a estarlo con un cable coaxial. Podremos seguir enviando textos, realizar llamadas y navegar por internet como de costumbre, además de aumentar radicalmente la velocidad de transferencia. La red 5G volverá más sencilla y rápida la descarga y carga de contenido en Ultra HD y vídeo en 3D, e incluso dejará espacio para los miles de dispositivos conectados a internet que van a empezar a popularizarse. Esto sucederá por el aumento de la velocidad de descarga, que alcanzará los 10 gigabits por segundo,

mientras que con el sistema 4G solo es posible descargar un giga-
bit por segundo. Para que veamos la diferencia: con la 4G, una
película de última generación HD tarda cerca de una hora en descargarse (si no hay interferencias y las fluctuaciones de la cobertura no reducen la velocidad máxima); sin embargo, con la red
5G bastarán unos pocos segundos. Con esta red, al Internet de
las Cosas se le abre una avenida con miles de carriles para tran-
sitar. Por ejemplo, la empresa de telefonía Ericsson se basó en la
5G para realizar entre 2017 y 2018 las primeras demostraciones
de conducción remota de un coche. Y Audi, con el apoyo de dos
potentes operadores de telefonía móvil, Huawei y Vodafone, creó
la tecnología celular C-V2X (Cellular Vehicle to Everything), que,
gracias a unas cámaras, alerta al conductor sobre los movimientos
del automóvil que le precede. Ficosa y Panasonic han ido más allá
al unirse para desarrollar el Módulo de Conectividad Inteligente
(SCM), que hace posible hasta nueve conexiones a internet simul-
táneas y de alta calidad, para el propio vehículo (canales para el
Internet de las Cosas) y sus pasajeros (películas, música, juegos
online o descarga de contenidos).

En 2015 el Freightliner Inspiration Truck, camión semiautónomo de Daimler, ya estaba autorizado a circular por las carreteras del estado de Nevada, EE.UU.

EL GRAN MUNDO DE LOS DATOS

Para que el coche del futuro, eficiente, energéticamente limpio y autónomo, sea una realidad, además del desarrollo del Internet de las Cosas y de la red 5G, necesita una «tercera pata»: el big data, es decir, el conjunto o combinación de conjuntos de datos cuyo tamaño (gran volumen), complejidad (constante variabilidad) y velocidad de crecimiento (alta intensidad) dificultan su captura, gestión, procesamiento y análisis con las tecnologías y herramientas convencionales (bases de datos comunes, por ejemplo). Un coche sin conductor, que se «valga por sí mismo», deberá tener abiertas constantemente decenas de conexiones para el intercambio de datos de distintas intensidades y tamaños en el Internet de las Cosas, que, en muchos casos, deberá ser casi instantáneo para que resulte efectivo. ¿Y cómo se sabe cuándo los contenidos son de big data? La mayoría de científicos coinciden en atribuir ese término a conjuntos de datos superiores a 50 terabytes (un terabyte sirve para almacenar 300 horas de vídeo o 1.000 copias de la Enciclopedia británica digital), que varían constantemente (como la información del tráfico en carreteras) y que requieren respuestas inmediatas para la toma de decisiones, ya sea de personas o de otras máquinas. Es evidente que si un coche necesita dialogar con la inmensa cantidad de información permanente que emite la red de semáforos de una ciudad, deberá estar preparado para establecer una conexión eficaz.

MERCADERÍAS QUE VIAJAN SOLAS

Los vehículos de transporte de mercancías siguen la misma hoja de ruta que los coches particulares, aunque se les dé menos publicidad. Se estima que el transporte autónomo por carretera se convertirá en uno de los más importantes factores diferenciales entre los fabricantes de camiones entre 2025 y 2035. Esta tendencia inexorable ha dado lugar a que las empresas se asocien con compañías de dispositivos y materiales semiconductores tradicionales para acelerar el desarrollo de capacidades de máximo nivel. En 2020, algunos fabricantes de camiones como Daimler, Paccar y Volvo colaborarán con compañías de tecnología como Otto, Smartdrive, Nvidia, Lytx, Tom Tom, NXP, Intel y Velodyne para aplicar la conducción autónoma a camiones eléctricos de transporte de mercancías.

En 2019 se presentó el Mercedes Benz Urbanetic, un concepto moderno de coche modular conectado a la información de tráfico en tiempo real, que podía comunicarse con personas externas al vehículo a través de pantallas en el frente y los lados. El Urbanetic podía «ver» a los peatones cercanos, incluso antes de que se bajasen de la acera para cruzar la calle.

LOS COCHES AUTÓNOMOS YA ESTÁN ENTRE NOSOTROS

En 2030, según el informe de la consultora estadounidense Oliver Wyman, realizado por el ingeniero Joern Buss, un 25% de las ventas de coches corresponderá a vehículos con sistemas de automatización parcial, mientras que el 15% serán completamente autónomos. Buss ha trazado una hoja de ruta sobre la evolución de los coches sin conductor que destaca por quemar etapas a gran velocidad. Prevé que a inicios de la década de 2020 los coches dispondrán de controles laterales y longitudinales. Por ejemplo, se mantendrán en sus carriles y actuarán por su cuenta para mantener la distancia de seguridad con el coche de delante y con los de los otros carriles. Boss estima que a partir de 2022 o 2023 se iniciarán las fases dos y tres, que ocurrirán de manera muy seguida. En la segunda fase, el conductor gozará de los adelantos del coche conectado, pero aún mantendrá el control del sistema en todo momento. En la fase tres, sin embargo, se desentenderá en ciertos momentos de la conducción.

Ford anunció que en 2021 aparecerán sus modelos sin volante ni pedales dirigidos a las flotas de servicios de movilidad autónoma. Sin embargo, todos coinciden en que 2030 será «el» año.

La tecnología base ya existe y el desarrollo de los prototipos se encuentra en su última etapa (algunos ya están listos). Las mayores empresas tecnológicas, Apple y Google, trabajan sin descanso con el fin de imponerse en el mercado de los sistemas operativos para los coches conectados y autónomos (con los sistemas Apple CarPlay y Android Auto, respectivamente). Los Lidar también son una realidad. Se trata de sensores de láser que detectan cualquier objeto y determinan su distancia al emisor. Están contenidos en microchips (en el futuro podrían ser nanopartículas) con tecnología fotónica de silicio, lo que permite crear circuitos en miniatura para dirigir la luz a nivel microscópico en distintas direcciones y calcular, justamente, a la «velocidad de la luz». La década del 2020 será la del asombro: los habitantes de las ciudades se quedarán con la boca abierta al ver los primeros «coches fantasma», sin conductor a bordo.

Casi todas las compañías del sector han puesto fechas para la presentación de sus modelos parcialmente autónomos: Nvidia y Audi anunciaron que en 2020 lanzarán al mercado su modelo BB8. Tesla, la emblemática empresa estadounidense que fabrica coches eléctricos, estima que 2023 será el momento adecuado para introducir una auténtica conducción autónoma; como afirman sus directivos, «podremos subir al coche, echarnos a dormir y despertarnos en nuestro destino». Para Volkswagen, la fecha clave se situará entre finales de 2019 y principios de 2020, año en que los concesionarios también dispondrán de los automóviles autónomos de General Motors, Toyota y Nissan. Ford anunció que en 2021 aparecerán sus modelos sin volante ni pedales dirigidos a las flotas de servicios de movilidad autónoma. Sin embargo, todos coinciden en que 2030 será «el» año.

67

AUTÓNOMO, ELÉCTRICO Y... MODULAR

Todas las compañías automotrices, así como sus partners y proveedores, tienen como meta inmediata la autonomía de sus vehículos. Mercedes-Benz fue más allá al presentar a finales de la década de 2010 un prototipo que profundiza en la idea de autonomía mediante el concepto de Vision Urbanetic. Este vehículo modular se adapta por completo a las necesidades del momento, transporte de personas (pasajeros) o carga, por lo que puede ayudar a disminuir el tráfico urbano. Su estructura consiste en un chasis de 5,14 m de longitud total y 3,7 m específicos para la carga, con todas las funciones de conducción autónoma incorporadas y un mecanismo hidráulico que le permite transformarse *ad hoc* en función de las circunstancias. El Urbanetic tiene capacidad para albergar a 12 personas o cualquier tipo de carga hasta 10 m³. En el exterior dispone de cámaras que reconocen personas o cosas que se encuentren en un radio de entre 30 cm y 2 m; además, una pantalla externa anuncia a los peatones que el vehículo los ha detectado. Para el transporte de personas cuenta con tres áreas: con asientos (delantera), otra para pasajeros de pie (central) y la última adaptable (trasera).

EL GRAN RETO

La adaptación que viene

Los nuevos coches ya pusieron en marcha un cambio de infraestructuras y hábitos sociales que se acentuará y requerirá la adaptación general: desde el desarrollo de las ciudades inteligentes hasta la limpieza medioambiental y la adopción del *car sharing* como modelo de uso.

LIMPIOS Y BARATOS

Los coches eléctricos lanzan muchas menos emisiones directas a la atmósfera que los de motor térmico, según un informe de la Agencia Europea de Medio Ambiente. En la actualidad, su eficiencia se halla entre el 70% y el 80%, pero en un futuro próximo la mejora de los componentes de las pilas y de los elementos químicos de las baterías hará que resulten menos contaminantes aún. ¿Alcanzarán la «limpieza total»? Todo dependerá de las decisiones institucionales que se tomen en las próximas décadas acerca de las fuentes de combustible. Si bien los coches eléctricos de batería (BEV) son cien por cien no contaminantes, la producción de electricidad para alimentarlos sí supone porcentajes de polución aún importantes, asociados a los combustibles utilizados (los fósiles, como el petróleo y el carbón, o el plutonio y el uranio de las centrales nucleares).

70 El primer paso es evitar las grandes emisiones de dióxido de carbono a la atmósfera, causantes durante el último siglo del efecto invernadero. En este aspecto, los eléctricos ganan sin duda la partida a los térmicos. Actualmente, los primeros consumen unos 14 kW/100 km y sus emisiones medias se calculan en 0,234 kg CO_2/kWh. Por su parte, los coches a diésel que consumen 5 l/100 km lanzan emisiones de 2,67 kg CO_2/l. De estos datos se desprende que un vehículo convencional arroja 13,3 kg CO_2 a la atmósfera por cada 100 km recorridos, mientras que en el caso de uno eléctrico el valor es de 3,3 kg CO_2 en la misma distancia.

¿Será cara la eficiencia? Según un estudio del Instituto Tecnológico de Massachusetts (MIT), en 2035, en Estados Unidos, donde los coches han resultado siempre asequibles en su gama media, los eléctricos tendrán un coste medio de 25.800 dólares, unos 15.000 dólares por encima de los vehículos térmicos o híbridos. Aunque los avances que se produzcan hasta entonces, o al menos hasta 2050, podrían reducir sensiblemente estos precios, sobre todo considerando la tendencia de abaratar las baterías y aumentar su eficiencia. Sin embargo, la clave parece residir en la amortización: a inicios de la década de 2020, un coche convencional gastará 6 l por cada 100 km, con un coste cercano a los 9 euros,

El uso de coches eléctricos requiere
redes de recarga ultrarrápida extendidas
en ciudades y carreteras. Y fuentes
limpias que produzcan esa energía.

Hasta 2019 Renault había vendido más de 200.000 coches eléctricos en Europa (principalmente en Alemania), y su modelo Zoe registraba la mayor cantidad de matriculaciones. La empresa francesa anunció que en 2022 sumaría otros ocho modelos de coches eléctricos. La estadounidense Tesla le seguía los pasos de cerca al igual que BMW, con su modelo i3.

mientras que los BEV que inviertan 15 kWh para recorrer una distancia igual gastarán aproximadamente 2,5 euros, sin contemplar la tarifa de recarga eléctrica de discriminación horaria (por la noche), bastante más barata.

Aun así, la eficiencia de los coches eléctricos y el abaratamiento de la energía no garantizan el paso definitivo a las fuentes renovables (solar, eólica, hidráulica, etc.). Ante el aumento del consumo energético, algunos países han ampliado su capacidad productiva instalando centrales nucleares para paliar, en parte, la caída de los combustibles fósiles. Según un informe del Organismo Internacional de Energía Atómica de la ONU, aunque en 2019 los 448 reactores nucleares operativos en el mundo producirán el 11,5% de la electricidad mundial, ya está en marcha la construcción de 58 nuevas centrales en China, Rusia, la India, Finlandia, Corea del Sur y Francia (el país europeo que más confía en la energía nuclear).

72

EL DESAFÍO DE LAS CIUDADES

El futuro de los coches es indisoluble de la transformación de las ciudades. Es un reto recíproco al que se debe hacer frente con un desarrollo común. Los BEV deberán incorporarse poco a poco a las ciudades, a medida que estas se adapten a sus necesidades. Cuando el futuro de los eléctricos se hizo tangible como una realidad inevitable, surgió un falso dilema: o bien lanzar los coches eléctricos masivamente al mercado para promover la infraestructura de recarga necesaria, o bien dotar a las ciudades de una red de recarga básica y ampliable para luego producir los coches. Es una trampa dialéctica, un mito.

Un estudio de la organización Transport & Environment dejó claro que ese no era el problema, porque inicialmente solo un 5% de la gente utilizaba la red de recarga pública para cargar su vehículo: en general lo hacía en casa o en el trabajo. Para cuando haya un número importante de eléctricos en circulación, a partir de 2020, Europa tiene previsto aplicar un plan para la instalación de una red de 220.000 electrolineras y más de 1.000 cargadores ultrarrápidos (que en 15 minutos proporcionarán una autonomía de 400 km) para abastecer a cerca de 2.250.000 BEV (un valor en

aumento). Tales cifras equivalen a disponer de un cargador cada 34 km en todo el territorio de la UE. Según las autoridades europeas, estas infraestructuras (que también irán en aumento) deberían ser suficientes para cubrir las necesidades de energía eléctrica en la fase incipiente de introducción de los BEV en el mercado y en el hábito de los consumidores. Pero no será un camino de rosas. Para alcanzar esas cifras habrá que acometer importantes inversiones en las ciudades. De acuerdo con algunas estimaciones, en 2035 se matricularán unos 11 millones de coches cien por cien eléctricos. Y según los pronósticos de la consultora financiera y comercial Bloomberg NEF, Europa invertirá a inicios de la década de 2020 cerca de 100.000 millones de euros en infraestructuras del transporte (incluidas las redes continentales de recargas común y ultrarrápida). ¿Es suficiente para impulsar el cambio de las *smart cities* al ritmo adecuado? Las cuestiones presupuestarias, sus reactivaciones y desaceleraciones, dependen de circunstancias que en muchas ocasiones nada tienen que ver con el interés general o los avances técnicos. Las ciudades, desde el enfoque de su mejora objetiva, deben impulsar algunos cambios, pero no demasiados, para que resulte funcional el uso de los BEV.

Antes de proseguir debemos señalar una obviedad: durante los últimos treinta años del siglo XX, las redes de energía mixta ya eran una realidad. El origen de la electricidad (centrales nucleares, hidroturbinas, solar y eólica) no es un impedimento para su distribución. Se trata de una infraestructura estable, en la que ya casi no se producen apagones o cortes de suministro, de modo que garantiza la electricidad a todos los usuarios, ya sean personas o máquinas. Este hecho incontestable, sumado al desarrollo de la conectividad mediante una red fiable como la 5G, facilitará que la ciudad y las máquinas sean capaces de dialogar, interactuar,

Los coches, interconectados a través de Internet, podrán hablar con otros sistemas como el de los semáforos, o los parquímetros para optimizar el tráfico y el estacionamiento.

EN 2020 EMPIEZA LA NUEVA TRANSICIÓN

En 2020 entrará en vigor el nuevo paquete de medidas relacionadas con las emisiones de CO^2 acordado por la Comisión Europea, que deben acatar todos los fabricantes de automóviles. La media de emisiones de toda la gama debe ser de 95 g/km como máximo. Con el diésel condenado a desaparecer, no queda otra posibilidad que apostar por la electrificación. Casi todos los fabricantes de coches se han propuesto electrificar toda su gama de automóviles para 2020, o al menos producir híbridos enchufables o PHEV (Plugin Hybrid Electric Vehicle).

administrar su propia energía y alcanzar el 99% de eficiencia. Es más, a mediados del siglo xxi, los propios coches eléctricos, que ya serán mayoría, se convertirán en condensadores y suministradores de energía que cada usuario podrá transferir a su casa si lo desea. Es difícil establecer cuál será la estética de las ciudades, la apariencia y distribución de sus edificios, túneles, puentes, puertos, terminales de autobuses y estaciones de tren, aeropuertos, pero es evidente que su «sistema nervioso», por el que transitarán volúmenes inimaginables de información, estará «superdotado». Los coches, interconectados a través de internet, podrán hablar con otros sistemas como el de los semáforos, los estacionamientos o los parquímetros para optimizar el tráfico y el aparcamiento.

Como ya hemos comentado, los sistemas de inducción instalados en avenidas, calles o cinturones perimetrales de acceso a las ciudades permitirán recargar el coche sin necesidad de parar. No son especulaciones. La empresa israelí ElectRoad, de los emprendedores Oren Ezer y Hanan Rumbak, ha desarrollado esta tecnología concebida hace más de cien años por Nikola Tesla. Se trata de transferir electricidad a una bobina subterránea que crea un campo electromagnético alrededor. El electromagnetismo genera corriente eléctrica en otra bobina cercana: la del coche que circula por esa calle. «Solo se necesita cobre y caucho», explican sus inventores; «el despliegue es rápido y fácil. Se puede adaptar un kilómetro de camino en apenas media jornada.» La instalación requiere una herramienta para cavar en el asfalto una canaleta de 8 cm de fondo, en la que se ubican unas tiras de carga de energía inalámbrica. El indicador Cities in Motion, ideado por el IESE, clasifica 166 ciudades de todo el mundo según distintas variables

A partir de la implantación de la red inalámbrica de comunicaciones 5G en las smarts citys los coches inteligentes podrán comunicarse con los smartphones de las personas, con los semáforos y con otros coches para anticiparse a las condiciones del tráfico e, incluso, evitar accidentes.

de sostenibilidad: eficiencia en el transporte, planificación urbana, adaptación tecnológica o cuidado del medio ambiente, entre otras. El informe de 2018 sostiene que las diez ciudades «más inteligentes del mundo» son cuatro europeas (Londres, París, Reikiavik y Ámsterdam), dos norteamericanas (Nueva York y Toronto) y cuatro asiáticas (Seúl, Tokio, Singapur y Hong Kong). Las *smart cities* dispondrán de sensores e infraestructuras automáticas para monitorizar todo el ciclo del agua, lo que permitirá equilibrar el consumo potable y la distribución hídrica en las zonas verdes de una manera optimizada, sin gastos inútiles. En la misma línea, aumentará la eficiencia en la transmisión y distribución de las redes eléctricas. No hay que olvidar que en esta segunda década del siglo solo el 32% de la energía consumida procede de fuentes renovables y que el 14% de toda la energía suministrada se pierde durante su transmisión por las redes de distribución urbana (uno de los factores que ha impulsado lenta pero inexorablemente la producción de coches eléctricos).

78

La «onda expansiva» también ha alcanzado a los edificios: los *smart buildings* estarán conectados a la red urbana de la *smart city* para detectar anomalías en la iluminación y los cuadros eléctricos en general, en los sistemas de climatización o redes de saneamiento, etc. Los edificios conectados contribuirán asimismo a la monitorización en tiempo real del consumo de servicios (agua, electricidad, gas) y a la implantación de una red de control integral de los residuos, para automatizar los procesos de recepción, tratamiento y separación.

Se potenciará la gestión de la movilidad en las ciudades inteligentes y sus alrededores. No solo se reducirán las emisiones contaminantes, sino que el uso del espacio público se tornará más eficaz. Las flotas de transportes públicos contarán con un sistema de diagnóstico y mantenimiento preventivo (para evitar los accidentes por desgaste técnico), y se beneficiarán, como los vehículos de emergencias, de los análisis de flujo de tráfico para priorizar sus desplazamientos. Los coches privados, por su parte, dispondrán de sistemas de comunicación en tiempo real entre los propios automóviles (todavía se estudian códigos estándar de intercomunicación), los usuarios y las infraestructuras de la ciudad, además de sensores de presencia en plazas de aparcamiento de toda el área urbana, incluidas en un gestor de demanda que agilizará el estacionamiento en las zonas más conflictivas.

Estos cambios tendrán un gran impacto social –como lo tuvo a finales del siglo xx e inicios del xxi la irrupción de la informática y las redes sociales– y situarán en primer plano a los «nativos digitales», quienes ya serán mayoría entre la población activa en 2050.

EL ESCENARIO DE LA ENERGÍA
CAMBIA DE PROTAGONISTAS

Las grandes compañías dedicadas a la distribución de combustibles derivados del petróleo están realizando la transición que las llevará a ser suministradoras de electricidad para los nuevos coches. Sin embargo, avanzado el siglo y con el declive de la distribución de petróleo, darán paso a las empresas tecnológicas, que resolverán la necesidad de infraestructuras de alta potencia y ampliarán los puntos de recarga.

Shell, por ejemplo, se ha asociado con Ionity. Realizaron una primera prueba en una carretera francesa, cerca de Paris, donde la estación de servicio tradicional de Shell cuenta con ocho puntos de recarga eléctrica superrápida, a 150 kW de potencia, que permite recargar un Audi e-tron en menos de media hora. Pero Ionity, que en realidad es una empresa formada por cuatro grandes fabricantes de automóviles (Daimler, Ford, BMW y Volkswagen), ha desarrollado su propia red, que empezará a funcionar de forma progresiva a partir de 2020, con 400 estaciones de recarga rápida repartidas por todo el territorio europeo (con 2.400 puntos), que alcanzarán hasta 350 kW, bajo el estándar europeo CCS (sistema de carga combinada), abierto a todas las marcas e implementado en toda Europa.

En muchos países, Ionity se asociará con las petroleras (Cepsa en España o Eni en Italia, por ejemplo) para utilizar sus instalaciones de servicio ya distribuidas estratégicamente por todo el territorio. Ionity competirá con el gigante estadounidense (y mundial) ChargePoint, que a finales de 2019 contará con una red de casi 60.000 puntos de recarga repartidos por todo el mundo y que ha entrado en el mercado europeo a través de sus alianzas con la petrolera BP, en el Reino Unido, y Total, en Francia. ChargePoint aspira a cubrir el planeta con dos millones y medio de puntos de recarga a partir de 2025.

79

Al iniciarse la década de 2020 la empresa Tesla, pionera de los coches eléctricos, disponía de 1.533 estaciones de carga distribuidas en todo el mundo, con 13.344 supercargadores (permiten completar la carga de la batería en media hora). La mayoría de ellos se distribuía por América del Norte, Europa, Oriente Medio y el sudeste de Asia.

LA OTRA CARA DE LA MONEDA

La revolución tecnológica de los coches es un hecho. La década de 2020 será el escaparate que anticipará el futuro. Las propias sociedades urbanas tendrán que adaptarse a esta vorágine de novedades. Uno de los grandes objetivos será potenciar un transporte público limpio, eléctrico y autónomo, que contará además con la inestimable ayuda de la conectividad, para reducir de manera sustancial el número de coches en las ciudades y agilizar así el tráfico. Por otro lado, ante la dificultad de establecer precios competitivos en el mercado de los automóviles eléctricos, de modo que sean accesibles como los utilitarios del siglo xx, la tendencia es impulsar el *car sharing*, es decir, el coche compartido, a disposición del usuario en cualquier momento y lugar, y que solo se pagará por su tiempo de uso. Es posible que *car sharing* se imponga a los coches en propiedad, sobre todo cuando se concrete la circulación absoluta de los vehículos sin conductor, cuya implantación definitiva planteará dilemas y retos relacionados con las nuevas normas (legales y éticas). En 2018 las empresas londinenses de ingeniería y arquitectura Ferrells y WSP evaluaron el impacto de un cambio de modelo en los hábitos y costumbres sociales, y concluyeron que el coche compartido y autónomo se impondrá al vehículo en propiedad. Calcularon que un 70% del aparcamiento global de Londres quedará liberado y podrá incorporarse al área pública peatonal.

UN ASUNTO DE VIDA O MUERTE

El temor y la desconfianza son las reacciones humanas más comunes ante aquellas innovaciones que suponen un cambio en la estructura social o productiva, como ocurrió en el pasado con el coche, el tren, la fotografía o las vacunas. Lo mismo sucede hoy con los automóviles autónomos (los «coches fantasma» se les llamaba en la literatura fantástica). En el imaginario colectivo no despiertan especial confianza las máquinas que no son controladas directamente por un humano. Es comprensible, pues este ha sido el paradigma del transporte desde las primeras carretas.

ARISTÓTELES NO BASTA

El desarrollo de la inteligencia artificial (IA) y su aplicación a los coches autónomos plantea nuevos conflictos éticos que nadie desde Aristóteles podía imaginar y ante los cuales no basta el marco legal vigente. El Parlamento Europeo y un grupo de expertos estadounidenses reunidos en Asilomar (California) han establecido una serie de principios y valores éticos sobre la robótica y la IA. Así, «los investigadores y diseñadores tienen una responsabilidad crucial: toda la investigación y desarrollo de la IA debe estar caracterizada por la transparencia, la reversibilidad y la trazabilidad de los procesos». Apuntan además a la necesidad de «que en todo momento sean los humanos quienes decidan qué pueden hacer o no los sistemas robóticos, como los coches totalmente autónomos». Y ponen énfasis en la gestión del riesgo: cuanto más grave sea el riesgo potencial, más estrictos deben ser los sistemas de control y gestión.

En esa misma línea, la empresa española Acuilae presentó en 2018 una versión beta del software Ethyca, el primer módulo ético para «regular» la inteligencia artificial, con distintos patrones éticos, criterios de decisión y comportamientos humanos. Está pensado para solucionar el problema de la toma de decisiones ante dilemas éticos en diversos ámbitos profesionales,, particularmente en el de los vehículos autónomos. Si un coche se enfrenta a un accidente inevitable, en el que su única opción es escoger a su víctima, una anciana o un niño: ¿a quién elegirá y por qué?

Al margen de este tipo de dilemas, que conllevarán la reforma de los códigos éticos para adaptarlos a nuestros comportamientos individuales y colectivos, lo cierto es que en la vida cotidiana se deberán tomar decisiones más sencillas a la espera de que la tecnología genere confianza. Por ejemplo, ¿enviarán los padres a sus hijos al colegio solos en un coche sin conductor?

83

Todos nosotros deberemos aprender a sentirnos seguros a bordo de coches que se moverán solos, decidirán qué ruta tomar, frenarán y acelerarán sin que nadie se lo indique y se cruzarán con otros automóviles en las mismas condiciones. Un mundo diferente que está a la vuelta de la esquina.

Sin embargo, el factor humano no garantiza en absoluto la seguridad. De acuerdo con un informe de 2017 de la Organización Mundial de la Salud, cada año mueren cerca de 1.300.000 personas en el mundo por accidentes viales (la mayoría como consecuencia de errores humanos), mientras que algo menos de 50 millones resultan heridas de diversa consideración. El 93% de las muertes se produce en países con ingresos bajos y medios, que cuentan con el 54% de los coches matriculados en el mundo. Es decir, solo el 7% de las muertes por accidente de tráfico ocurren en el ámbito de los países más avanzados.

La conectividad inteligente, con la ayuda de sensores de todo tipo, cámaras, mapas digitales interactivos y procesadores ultrarrápidos, permitirá a los coches dialogar con sus propietarios y con otros coches, interpretar situaciones, tomar decisiones según los estímulos de su entorno, y todo con una mínima participación humana.

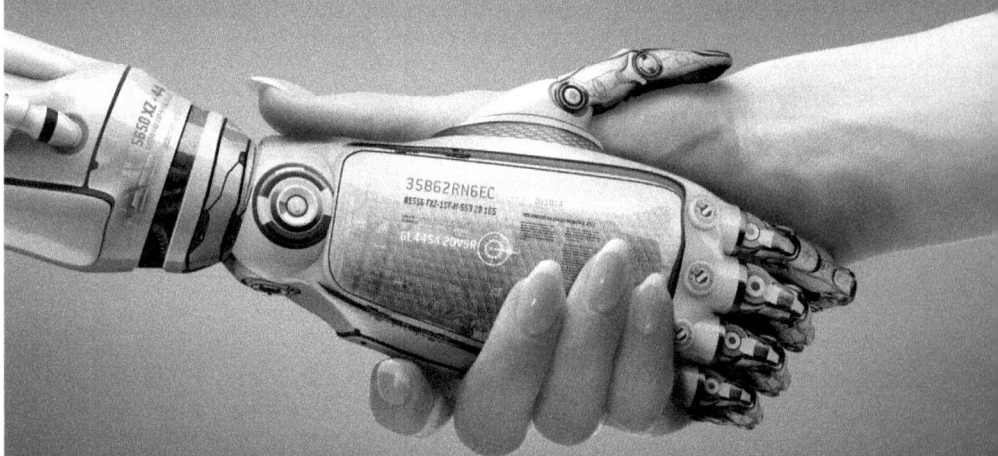

No solo los coches del futuro pueden mejorar esta situación, sino también la tecnología contextual que desarrolla sistemas de seguridad para controlar la circulación en situaciones diversas y, desde luego, la capacidad de la IA para reducir los fallos de las máquinas o enmendar, de forma preventiva, los errores del «factor humano». En cuanto a los métodos para prevenir y combatir incendios, se presume que los coches eléctricos serán prácticamente ignífugos a finales del siglo XXI. Actualmente los automóviles de baterías ya tienen cuatro veces menos probabilidades de incendiarse que uno de gasolina, según la página web estadounidense Green Transportation. Además, los controles en la distribución celular de la batería eléctrica y los cortafuegos para evitar que el oxígeno alimente un posible incendio generan más confianza. En el caso de las baterías de iones de litio (las más utilizadas en la primera etapa de transición a los eléctricos), cuando el litio alcanza el punto de fusión, la batería se puede desestabilizar y descargar la energía acumulada a altas temperaturas, con riesgo de incendios o explosiones. De hecho, en esta década se han producido varios accidentes de este tipo en portátiles, móviles y otros pequeños dispositivos electrónicos. No obstante, los fabricantes automovilísticos ya han abordado este problema fabricando paquetes de baterías a prueba de choques y pinchazos. Además, los sistemas de administración de energía del coche monitorean cada una de las celdas en las que está segmentada la batería con cortafuegos; la información se envía a la unidad de control del motor (ECU), que ajusta el enfriamiento o advierte al conductor que debería apagar la batería de manera preventiva. Incluso los bomberos han modificado sus protocolos ante emergencias de incendios de coches eléctricos (los más adelantados son los estadounidenses), con medidas como la adopción de nuevos equipamientos aislantes para protegerse de la electrocución.

EL MUNDO IMAGINADO YA ESTÁ AQUÍ:

Un sueño hecho realidad

Lo que ayer fue fantasía hoy está en los primeros pasos de realidad convincente: vehículos que se conducen solos, coches tierra-aire y servicios urbanos de automoción aérea serán actualidad en el horizonte de 2040-2050.

TAXIS EN EL CIELO

Cuando el nuevo paradigma de la movilidad parecía ser el de los automóviles eléctricos y autónomos, limpios, seguros e interconectados, en circulación por ciudades inteligentes, de pronto se ha abierto otra puerta a la fantasía: el coche volador. El sueño no es reciente. En efecto, ya en 1940 el gurú de la industria automotriz Henry Ford pronunció una frase premonitoria: «Recuerden mis palabras: una combinación de avión y automóvil está por venir. Ríanse, pero acabará llegando». Ford no hacía ciencia ficción sino coches en serie, y estaba convencido de lo que decía. Menos de un siglo después, su «visión» se ha hecho realidad.

Amanecía el siglo XXI cuando los drones empezaron a cubrir el cielo: desde juguetes infantiles hasta aparatos guiados por GPS para servicios de mensajería. En Dubái, la ciudad más poblada de los Emiratos Árabes Unidos, que está dispuesta a erigirse en emblema de la *city* tecnológica, se hizo la prueba cumbre del modelo de taxi-dron diseñado por la empresa alemana Volocopter. El aparato, con la forma de un pequeño helicóptero, dispone de una cabina para dos pasajeros y, en la parte superior, un aro con 18 hélices. Este modelo piloto tiene una autonomía de 30 minutos y su desplazamiento se controla de forma remota. El objetivo es perfeccionar este dron para que, a mediados de la década de 2020, integre una flota que ofrezca el servicio de taxi aéreo en distancias cortas dentro de la ciudad.

Una idea similar desarrollaron unos fabricantes chinos casi al mismo tiempo. Durante cuatro años, cerca de 150 ingenieros de la empresa Ehang, con sede en Guangzhou, hicieron centenares de pruebas de desplazamientos verticales y horizontales de despegue y aterrizaje con su modelo Ehang 184, hasta que a principios de 2018 el taxi-dron transportó con éxito a dos personas (su capacidad de carga es de 280 kg), en un vuelo breve en el que alcanzó 130 km/h. El dron chino es eléctrico y su batería

Desde las empresas más importantes, como Boeing, Toyota, Rolls Royce o Uber, hasta pequeños emprendedores de todo el mundo, en la década de 2020, se lanzaron a una desenfrenada carrera hacia el coche volador autónomo: drones para distribución, taxis aéreos y modelos deportivos o familiares se anuncian comercializables y con una expansión imparable a partir de 2025. Todavía es una incógnita cómo serán las carreteras aéreas.

tiene una autonomía de 25 minutos. Cuenta con un sistema de seguridad ante ataques cibernéticos y otro que evalúa constantemente el funcionamiento interno para anticiparse a los fallos y aterrizar, un aspecto que no dejará de mejorar en el futuro.

La puesta en escena del Ehang 184 tuvo tal impacto que, pocos meses después, las grandes empresas del sector, como Airbus, Boeing o Bell Helicopter, se lanzaron a desarrollar sus propios modelos. Airbus difundió rápidamente sus pruebas en Oregón (Estados Unidos) con el modelo Vahana Alpha One. Se trata de un aparato eléctrico que mide 5,7 m de largo por 6,2 m de ancho y ha sido diseñado para transportar a un solo pasajero.

Pero el refrán dice que quien ríe último, ríe mejor, y a esa premisa parece atenerse la empresa de transporte Uber, cuyo objetivo es controlar no solo el servicio en tierra, sino también el futuro servicio aéreo de los taxis, inicialmente en Dubái y Estados Unidos. La compañía estadounidense iniciará entre 2020 y 2021 las pruebas de su aparato VTOL (siglas en inglés de «Despegue y Aterrizaje Vertical»). A partir de ese prototipo de dron eléctrico, pretende crear en 2028 una gran red de taxis aéreos para dos personas, que podrán alcanzar velocidades entre los 240 y los 320 km/h. Uno de los socios de Uber será el Ejército de Estados Unidos, que financiará la tecnología de los rotores.

Y MIENTRAS TANTO EN LA TIERRA...

El proyecto de futuras redes de taxi-drones no ha evitado el progreso de los motores de dos ruedas que «compiten» o complementan al coche: motos, *scooters* de tres ruedas o patinetes eléctricos. Todas estas opciones, cómodas, baratas y rápidas, gozan de un enorme éxito como medio de transporte en el interior de ciudades contaminadas y congestionadas por el tráfico.

Las silenciosas motos eléctricas competirán potencialmente con muchos coches pequeños, no solo para los desplazamientos habituales dentro de la ciudad (al trabajo, a la universidad, para ir de compras, etc.), sino para el transporte interurbano. Ciertos usuarios sienten tanta estima por algunos fabricantes de motos tradicionales elevados a la categoría de míticos (Harley-Davidson o Norton, por poner solo dos ejemplos) que les cuesta más hacer el cambio. Sin embargo, las grandes marcas ya tienen previsto lanzar al mercado en la década de 2020 modelos como la Honda SH125 o la Yamaha MT03, con mayor potencia y autonomía que algunos *scooters* de ciudad que incluso pueden circular por autopista. El filtro de las motos eléctricas todavía tiene un largo camino por delante para conjugar limpieza ecológica y autonomía. No obstante, se estima que en la década de 2030 la reducción del tamaño de las baterías y el aumento de su potencia, autonomía y velocidad de recarga significarán un impulso para la producción de sorprendentes modelos.

A las motos les han salido unos competidores inesperados: los patinetes y *scooters* eléctricos que se han convertido en una solución para la movilidad en las grandes ciudades. La oferta es mayúscula, pero la tendencia no es competir con nadie, sino constituir una alternativa sencilla y ecológica para desplazarse en entornos urbanos, a la que se irán aplicando tecnologías de comunicaciones específicas: sensores de bloqueo para accidentes, conectividad a la futura red 5G, geolocalización, además de algunas mejoras en seguridad y tracción, como ruedas especiales sin desgaste, baterías más potentes o materiales de densidad adaptable (nanomateriales) para evitar lesiones. Los nostálgicos de las bicicletas han sido los más precoces: con materiales de fabricación ultraligeros, los motores de «ayuda al pedaleo» las han preparado para la competencia futura.

LA VIDA SOBRE RUEDAS

Adiós a las caravanas: el concepto de aunar coche y casa que revolucionó la vida de las familias en la segunda mitad del siglo xx está a punto de desaparecer. En los próximos años se presentarán nuevos diseños de dormitorios o salones rodantes que circularán de manera autónoma. IKEA ya trabaja en ello. Su laboratorio A Future Living Lab ha creado increíbles modelos que introducen la idea del «espacio sobre ruedas». En pocos años, el diseño tradicional de los automóviles no tendrá demasiado sentido. Por ejemplo, ¿para qué usar parabrisas si ni siquiera vamos a conducir? La automoción cambiará. Según los profesionales de IKEA, el diseño se adaptará a la función del vehículo. Ya han puesto en marcha un proyecto de pequeños pisos rodantes, incluso con vestíbulo y jardines, así como ambulatorios, cafeterías, tiendas de ropa u oficinas con su forma arquitectónica tradicional pero móviles. Ver para creer.

La movilidad eléctrica urbana avanza también sobre dos ruedas: scooters, monopatines o motos experimentales se desarrollan como alternativas del sector. Yamaha ya tiene en marcha su versión T03, capaz de movilizarse sola ante el pedido de su dueño y de seguirle los pasos.

EL SUEÑO DE LAS
CARRETERAS DEL CIELO

En 2030 una persona dejará su *scooter* eléctrico plegado en el vestidor y por la ventana verá a su vecino aterrizar lentamente en la calle a bordo de un avión de cuatro ruedas. ¿Parece descabellado? Tal vez, pero solo es cuestión de tiempo.

Como se ha comentado a lo largo del libro, la tecnología básica para la fabricación de estos aparatos que superan el horizonte de la imaginación existía ya a inicios del siglo XXI. Pero desarrollarlos con el fin de que resulten eficaces, seguros, limpios y puedan comercializarse para su uso masivo en las ciudades, eso ya es otra historia. No se trata de drones, sino de coches que vuelan, es decir, que cumplen todas sus funciones en tierra, por calles y carreteras, pero también pueden comportarse como pequeños aviones. Tendremos que habituarnos a llamarlos anfibios aire-tierra, distinguiéndolos de los anfibios tierra-agua a los que ya estamos acostumbrados. Detrás de estas ideas se encuentran Google y Uber, Volkswagen y Toyota, entre otros grandes del medio «terrestre» que se asociarán con empresas tradicionales del medio «aéreo» como Airbus o Boing. De esa confluencia nacerá la fantasía. En 2018 la empresa Terrafugia de Massachusetts (Estados Unidos) fabricó un prototipo de coche aéreo, el Transition, que necesitaba una pista de despegue y aterrizaje, como los aviones convencionales. Fue un primer intento que rápidamente evolucionó. La misma compañía anunció para 2019 una nueva prueba con su modelo TF2, que, además de circular por carretera, ya podría realizar despegues y aterrizajes verticales. Esta técnica, la VTOL, es clave para la implantación de los coches voladores en las ciudades, aunque todavía hay un camino incierto en cuanto a la legislación y las posibilidades tecnológicas reales y fiables de seguridad para garantizar desplazamientos por rutas aéreas urbanas, a menos de

En 2018 la empresa Terrafugia de Massachusetts (Estados Unidos) fabricó un prototipo de coche aéreo: el Transition.

EL COCHE QUE CAMINA

Lo que todavía es un modelo animado pronto se convertirá en el primer coche civil (los militares disponen de móviles robóticos de menor envergadura) robotizado que podrá «caminar» y «reptar», según la automotriz surcoreana Hyundai. El proyecto, cuyo desarrollo está bastante avanzado, fue presentado en marzo de 2019 en el encuentro Consumer Electronics de Las Vegas. Este coche llamado Elevate funciona como cualquier automóvil en la carretera, pero dispone de un mecanismo robotizado, preciso e informatizado, que le permite desplegar y elevar sus «patas» retráctiles (los neumáticos hacen las veces de calzado) para caminar, literalmente, sobre caminos escarpados, en montañas y barrancos, y escalar paredes de 1,5 m conservando a sus ocupantes en posición horizontal. Hyundai y a la firma de diseño Sundberg-Ferar presentaron al Elevate como el coche ideal para llegar donde no llega nadie.

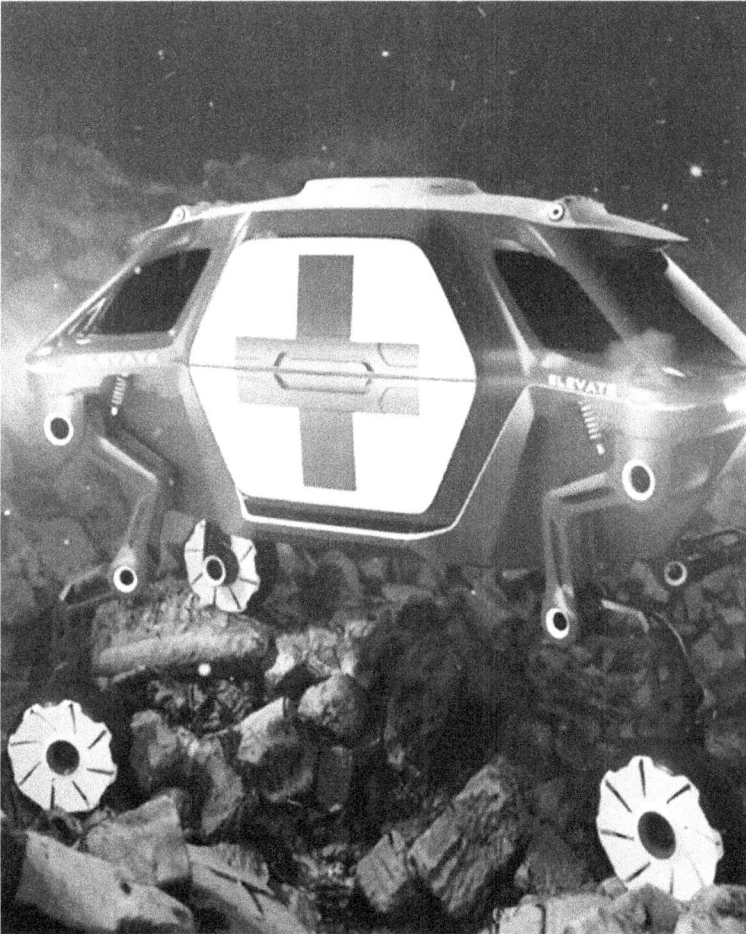

95

DANGER - KEEP CLEAR

FUTURE FLIGHT CO

EL COCHE QUE DARÁ EL SALTO
DESDE LA GRAN PANTALLA

Ya nos hemos referido a la saga fílmica Regreso al futuro, en la que los viajes por el tiempo se acompañan de elementos cotidianos «futuristas» que ya no nos resultan tan extraños. Sin embargo, lo que seguro que nadie imaginaba es que la marca del automóvil de la película anunciaría alguna vez la fabricación de un coche volador. El modelo que aparece en pantalla, el DeLorean DMC-12, se convertirá pronto en un automóvil volador de verdad, sin efectos especiales. La compañía DeLorean Aerospace, la sucesora de la DeLorean Motor Company original, fundada por John DeLorean, ahora en manos de su sobrino Paul, está trabajando activamente en el prototipo del DR-7, un vehículo volador con capacidad para dos personas que despega y aterriza verticalmente. Según sus ingenieros, este coche, que no estará disponible hasta 2030, tendrá una autonomía de 200 km por tierra y de unos 30 minutos en vuelo. Los detalles todavía son un secreto. Pero lo que no es ningún secreto es que el futuro que imaginábamos hace unas décadas ya está aquí.

180 m de altura, servicios de aparcamiento en terrazas, ascensores especiales para descenso a tierra y un largo etcétera. El técnico «artesano» filipino Kyxz Mendiola desarrolló con estas premisas un coche volador de pequeño tamaño (más parecido a un sidecar con hélices que a un automóvil), llamado Koncepto Milenya.

Los proyectos más sólidos, de largo alcance, comienzan en Japón. A principios de 2019 se presentó el Skydriver, un coche volador de 3,6 m de largo, 3,10 de ancho, 1,1 de alto y 400 kg de peso, que todavía se encuentra en fase de experimentación. Las pruebas privadas indicaron que el modelo alcanza una velocidad máxima en el aire de 200 km/h y una altura de 150 m de altura, para poder desplegar paracaídas en caso necesario. En tierra, el Skydriver tiene las prestaciones de un coche eléctrico pequeño, capaz de circular a 60 km/h. Durante 2019 trabajarán en el proyecto cerca de 400 personas con 12 ingenieros de Toyota, una de las grandes empresas que se han unido a su desarrollo. Si bien el coste de una unidad es muy elevado (casi 400.000 euros), la idea es que hacia 2023 ofrezcan modelos mejor acabados y más baratos que, en un futuro cercano, estén a disposición de los usuarios a través de *car sharing*. La participación del gobierno japonés en este proyecto mixto (estatal-privado) le da garantías tanto en el aspecto económico como en el legal, ya que un cambio de paradigma automotriz de tal envergadura implica cuestiones como la adaptabilidad de las ciudades y edificios (por razones de circulación y seguridad) y el ajuste al marco legal. Tanto el Gobierno japonés como las empresas asociadas estiman que a mediados de la década de 2020 ya podría estar preparada la normativa para la circulación aéreo-terrestre y que hacia 2050 el Skydriver o sus descendientes serán utilizados masivamente en las ciudades japonesas. Será quizá la consumación del sueño, aunque los coches no se detendrán en su carrera hacia un horizonte lleno de sorpresas.

GLOSARIO

Battery Electric Vehicle (BEV). Denominación en inglés de los coches y otros vehículos que funcionan alimentados exclusivamente con baterías eléctricas.

Big data. Acumulación compleja de grandes cantidades de datos. Para un procesamiento adecuado necesitan aplicaciones informáticas no tradicionales.

Car sharing. Servicio de alquiler de vehículos (coches, motos, patinetes, drones, coches voladores) durante períodos breves (minutos u horas).

Combustibles fósiles. Aquellos producidos por la materia orgánica enterrada en la tierra durante millones de años y en cuyo proceso de descomposición han obtenido la propiedad de generar energía mediante su combustión (carbón, petróleo, gas). Son muy contaminantes para la atmósfera.

100

Electrolineras. Denominación genérica de las estaciones de servicio o puntos de recarga en zonas públicas para vehículos eléctricos.

Gases de efecto invernadero. Gases como CO_2, H_2O, N_2O y CH_4, O_3, entre otros, que al quedar «encerrados en la atmósfera» provocan el aumento de la temperatura de la Tierra, lo que causa el cambio climático y desastres naturales.

Híbridos. Coches cuya mecánica les permite combinar el uso de dos tipos de combustibles diferentes para impulsarse, como por ejemplo gas y gasolina, o gasolina y electricidad.

Hidrogeneras. Denominación genérica de las estaciones de servicio para recargar las pilas de hidrógeno utilizadas como combustible de coches.

Inteligencia artificial (IA). Programas de computación que realizan operaciones complejas propias de los seres humanos, como el autoaprendizaje y la autocorrección.

Nanomateriales. Materiales que, al menos en una de sus dimensiones, son inferiores a 100 nanómetros. Un nanómetro (nm) es la millonésima parte de un milímetro.

Nativos digitales. Se llama así a las personas nacidas en el siglo xxi que han crecido y se han educado en el uso de la informática, los teléfonos móviles, los ordenadores, las tablets y todos aquellos elementos conectados a internet. Por contraposición, a los nacidos bajo el paradigma analógico se los denomina «inmigrantes digitales».

Supercondensador. Dispositivo o material que permite almacenar grandes cantidades de energía eléctrica y cederla rápidamente para un fin determinado, como por ejemplo alimentar el motor de un coche o una moto.

BIBLIOGRAFÍA RECOMENDADA

o   Anónimo, «**How Do Battery Electric Cars Work?**», en Union of Concerned Scientists, 12 de marzo de 2018 (publicación online). [https://www.ucsusa.org/clean-vehicles/electric-vehicles/how-do-battery-electric-cars-work#.XFHqnfwh1m9].

o   «**Italdesign and Airbus Unveil Pop.Up**», en Airbus, 6 de marzo de 2017 (publicación online). [https://www.airbus.com/newsroom/press-releases/en/2017/03/ITALDESIGN-AND-AIRBUS-UNVEIL-POPUP.html].

o   Colorado, M., y Sánchez, M.ª T. (2017, Diciembre). «**Nanomateriales en el sector de la automoción**», en Seguridad y Salud en el Trabajo, núm. 93, diciembre de 2017, págs. 6-15 (publicación online). [https://issuu.com/lamina/docs/sst_93_br?layout=http%253A%252F%252Fskin.issuu.com%252Fv%252Flight%252Flayout.xml&showFlipBtn=true].

o   García, G., «**Un ánodo con base de grafeno puede triplicar la capacidad de las baterías**», en Híbridos y Eléctricos, 26 de junio de 2018 (publicación online). [https://www.hibridosyelectricos.com/articulo/tecnologia/anodo-base-grafeno-puede-triplicar-capacidad-baterias/20180626115503020088.html].

o   Gómez, I., «**El coche autónomo alcanzará la plena automatización en un horizonte de 10 años**», en El País, 27 de agosto de 2018 (publicación online). [https://cincodias.elpais.com/cincodias/2018/08/24/companias/1535126590_361186.html].

o   Hernández, N., «**Ciudades más seguras gracias al buen entendimiento entre coches y semáforos**», en Nobbot, 12 de noviembre de 2018 (publicación online). [https://www.nobbot.com/futuro/ciudades-seguras-iot-coches-semaforos/].

o   Kulperger, E., «**El futuro de los vehículos conectados y el IoT**», en Telefónica Smart Mobility, 27 de diciembre de 2017 (publicación online). [https://iot.telefonica.com/blog/el-futuro-de-los-vehiculos-conectados-y-el-iot].

o   Misra, M., y Mohanty, A.K., «**Why auto makers are investing in biomaterials**» (publicación online), en The Globe and Mail, 12 de mayo de 2018. [https://www.theglobeandmail.com/globe-drive/culture/commentary/why-auto-makers-are-investing-in-biomaterials/article21355416/].

○ Otero, A., «**Coches de hidrógeno: así funciona esta tecnología de cero emisiones contaminantes**» (publicación online), en Motorpasión, 20 de febrero de 2018. [https://www.motorpasion.com/tecnologia/coches-de-hidrogeno-asi-funciona-esta-tecnologia-de-cero-emisiones].

○ Starace, F., y Tricoire, J.-P., «**These 3 elements are crucial to the future of electric cars**», en World Economic Forum, 13 de febrero de 2018 (publicación online). [https://www.weforum.org/agenda/2018/02/mobility-future-electric-cars-fourth-industrial-revolution/]

TÍTULOS DE LA COLECCIÓN

Inteligencia artificial
Las máquinas capaces de pensar ya están aquí

***

Genoma humano
El editor genético CRISPR y la vacuna contra el Covid-19

***

Coches del futuro
El DeLorean del siglo XXI y los nanomateriales

***

Ciudades inteligentes
Singapur: la primera smart-nation

***

Biomedicina
Implantes, respiradores mecánicos y cyborg reales

***

La Estación Espacial Internacional
Un laboratorio en el espacio exterior

***

Megaestructuras
El viaducto de Millau: un prodigio de la ingeniería

***

Grandes túneles
Los túneles más largos, anchos y peligrosos

***

Tejidos inteligentes
Los diseños de Cutecircuit

***

Robots industriales
El Centro Espacial Kennedy

***

www.ingramcontent.com/pod-product-compliance
Lightning Source LLC
Chambersburg PA
CBHW071522200326
41519CB00019B/6038